Blütentrubel

Dorothée Waechter

BLÜTEN-TRUBEL

Gärtnern mit bunten Blumenmischungen

Jan Thorbecke Verlag

VERLAGSGRUPPE PATMOS

PATMOS
ESCHBACH
GRÜNEWALD
THORBECKE
SCHWABEN

Die Verlagsgruppe
mit Sinn für das Leben

MIX
Papier aus verantwortungsvollen Quellen
FSC® C095359
FSC
www.fsc.org

Für die Schwabenverlag AG ist Nachhaltigkeit ein wichtiger Maßstab ihres Handelns.
Wir achten daher auf den Einsatz umweltschonender Ressourcen und Materialien.

www.thorbecke.de

Gestaltung: Finken & Bumiller, Stuttgart (Gundula Rexin, Dirk Wagner)
Druck: Himmer AG, Augsburg
Hergestellt in Deutschland
ISBN 978-3-7995-0615-1

Einleitung 7

Blumen in bunter Mischung 12
Das bunte Zusammenspiel der Blumen 13
Millefleurs – 1000 Blumen in der Kunst 20
Vorbilder aus der Natur: Wiesen 24
Wenn die Natur gärtnert: Gründüngung 27
Ein Motto für die Mischung 31
Für jede Situation die richtige Mischung 31
Vielfalt fördert Vielfalt 45

Der Mix mit Sommerblumen 52
Einjährige Blumenmischungen 53
Wohlklingende Namen garantieren Abwechslung 58
Die 20 häufigsten in Blumenmischungen vertretenen Arten 59
Die Grundlagen schaffen 70
Der Jahreszyklus in der Sommerblumenmischung 72
... und im zweiten Jahr 73
Mischungen mit Zweijahresblumen 75
Blumiges in einer halbschattigen Lichtung 79

Im Zusammenspiel mit Stauden 80
Mehrjährige Blumenmischungen 81
Gepflanzte Vielfalt der eingespielten Teams 83
Von Struktur-, Gerüst und Füllpflanzen 84
Der Silbersommer 89
Der Trend: Die Prärie 92
Die Klassiker der Prärie 94
Gerne auch mit Gräsern 99
Schattenmischungen 99
Pflege: So viel wie nötig, so wenig wie möglich 102
... und dazwischen ein paar Zwiebelblumen 104

Ideen für Topf und Kübel 106
Mobile Mischungen 107
Gefäße und Substrate 109
Bunte Vielfalt in Kübel und Kasten 110
Hängend 112
Pflegeleicht 112
Kübelpflanzen-Untersaat 113
Die wichtigsten Pflanzen der mobilen Mischungen von A-Z 114
Kletterpflanzen als Sichtschutz 117
... und dazwischen was zum Naschen 118

Rund um das Saatgut 120
Pflanzen oder Säen 121
Band, Scheibe oder Teppich 123
Das Vagabundieren 124
Samen selber ernten 129
Die richtige Lagerung von Samen 132

Anhang 134
Bezugsadressen 134
Bildnachweis 136
Die Autorin 136

Einleitung

Wenn man heute von Blumen spricht, dann hat jeder ein anderes Bild im Kopf. Der eine sieht gefüllte englische Rosen vor dem geistigen Auge, der andere stellt sich blauen Rittersporn vor, und eine weitere Person hat das Bild einer frühsommerlichen Wiese mit Margeriten und Klatschmohn im Sinn. Die Auswahl und Vielfalt von Pflanzen, die wir kennen und kultivieren, ist enorm groß. Die moderne Technik und der weltweite Handel machen es möglich, sich alle Träume zu erfüllen. Samen zu verschicken ist kein Problem, und selbst blühende Stauden werden sorgfältig verpackt und gelangen innerhalb von zwei, drei Tagen zum Empfänger. Noch vor wenigen Jahren standen Blumenbeete ganz im Einfluss der englischen Gartengestaltung im Geiste von Gertrude Jeckyll. Die verschiedenen Arten und Sorten von Stauden wurden großflächig verwendet. Gestaffelt nach der Höhe der Stauden, sorgfältig hinsichtlich der Blütenfarben und Laubfärbungen aufeinander abgestimmt, entstand eine Rabatte, die durch Wiederholungen und diagonale Drifts ihren Rhythmus bekam. Immer wieder gibt es in diesem Gartenstil neue Höhepunkte: Gelbgrüner Frauenmantel und pinkfarbener Storchschnabel blühen zusammen mit der fast einen Quadratmeter großen, lilablauen Blütenwolke der Katzenminze. Einige Wochen später prägen verschiedene Astern kombiniert mit hoher Fetthenne und Herbst-Anemonen das Bild.

Moderne Blumenmischungen entfalten sich im Vergleich dazu eher pointilistisch. Die bunte Mischung lebt von der Verflechtung einzelner Pflanzen miteinander zu einem großen Gesamtwerk. Diese starke Vereinzelung der Pflanzen, die nicht mehr in größeren Stückzahlen nebeneinander stehen, sondern solo mal mit der einen Blume, mal mit der anderen die Nachbarschaft pflegen, erinnert an das Bild einer natürlichen Blumenwiese in den Gebirgsregionen. Das zeigt sich auch daran, dass man gerne die typischen Blütenstände in einer Mischung verwendet – also die Margeritenblüte, schirmförmige Dolden, Glockenblumen und Rispen. Und dabei kommt es nicht immer auf das Nebeneinander von prachtvollen und großen Einzelblüten an, sondern vielmehr auf die

←
Eine bunte Sommerblumenmischung verwandelt die Fläche vor der Kirche in eine blühende Landschaft.

Vielzahl von Blüten, die sich nach und nach an einem Blütenstand öffnen, so dass die Zeit des Schmucks lange anhält.

Gestalterisch sind Blumenmischungen auf jeden Fall der Diversität und ihrem hohen ökologischen Wert geschuldet. Gleichzeitig scheinen diese immer häufiger anzutreffenden bunten Beete, die immer wie ein Blumenstrauß vom Wegesrand aussehen, quasi die gärtnerische Antwort auf unsere multikulturelle Welt, die Cross-over-Küche und das Aufbrechen starrer Vorgaben zu sein. Doch es steckt noch ein bisschen mehr dahinter. Eine Mischung funktioniert nämlich nur dann gut, wenn man die Pflanzen und ihre Bedürfnisse kennt. So wird der Teppich lückenlos blühen.

Über viele Jahre hinweg wurden die Bilder von Wiesen und Wildkräuterstreifen entlang der Äcker bekämpft. Die Natur sollte beherrscht werden und nicht womöglich die wertvolle Nutzfläche eines Getreidefeldes mit »Unkräutern« verseuchen. Zumal diese Pflanzen ja auch immer die Gefahr darstellen, Krankheiten und Schädlinge zu fördern, die dem Prinzip der Erntemaximierung garantiert entgegenstehen. So ist unsere Natur um viele natürliche Blumenmischungen und damit auch Lebensräume ärmer geworden. Denn die Vielfalt hat einen hohen ökologischen Wert und ist auf ihre Art und Weise auch ein Garant für ein gesundes Zusammenspiel der verschiedenen tierischen und pflanzlichen Lebewesen. Die Vielzahl an unterschiedlichen Blütentypen lockt entsprechend ganz unterschiedliche Insekten an. Die Vögel erhalten durch die Samen reichlich Nahrung zum Picken. Gleichzeitig benötigen Vögel aber nicht nur die Fette und Kohlenhydrate der Samen, sondern auch Eiweiß. Das heißt, sie bekommen so einen richtigen Heißhunger auf Läuse, Larven & Co und erledigen dadurch gleich die Schädlingsbekämpfung. Natürlich muss alles gut eingespielt sein, aber im Grunde entwickelt sich so ein ökologisches Gleichgewicht. Allerdings muss dafür eine Voraussetzung immer gegeben sein: Der Standort und der Boden müssen mit den Ansprüchen der ausgewählten Pflanzen übereinstimmen.

Das bedeutet auf der einen Seite, dass man Vorarbeit leisten muss bei der Bestimmung der Gegebenheiten und der Auswahl der Pflanzen, aber auf der anderen Seite eine deutliche Verringerung der Pflegearbeiten. Das wird nicht zuletzt dadurch erreicht, dass die Flächen lückenlos mit Pflanzen bedeckt sind und daher Unkrautentfernung kein Thema ist. Das Stichwort »geringe Kosten« holt weniger die privaten Gartenbesitzer als vielmehr die auf den Plan, die für die Pflege großer Flächen verantwortlich sind – also Unternehmen und Kommunen. Weniger Pflege heißt schließlich auch geringere Kosten, und wenn dann auch noch das Pflanzenmaterial eher preiswert ist, weil man die Pflanzen sät, wächst die Attraktivität auf dem Papier stark an. So entdeckt man in immer mehr Städten und Landkreisen bunt blühende Verkehrsinseln, Randstreifen und Kreisverkehre. Ohne Zweifel haben diese Flächen vor allem im Sommerhalbjahr eine hohe Attraktivität. Da diese öffentlichen Bereiche natürlich auch eine Visitenkarte der Gemeinde bzw. des Kreises sind, kommt automatisch ein Gefühl von Vitalität und Modernität auf.

Modern sind die Blumenmischungen – wobei es sicher besser ist zu sagen »en vogue«, denn es ist wahrlich nichts Neues, eine Wiese anzulegen oder eine bunte Pflanzenmischung auf ein Beet zu säen. Blumenmischungen kommen aber dem Gedanken an die natürlichen Vorbilder sehr entgegen. So wie bereits Ende des 19. Jahrhunderts William Robinson als energische Antwort auf die manierierten Beete der viktorianischen Zeit die Natur für seinen »Wild Garden« zum Vorbild genommen hat, kann man heute in der Gartenarchitektur verschiedene Strömungen wahrnehmen, die ganz klar das »Zurück-zur-Natur« vor Augen haben. In den Staaten spricht man von dem »New American Garden«, in den Niederlanden von der »Dutch Wave« und in Deutschland vom »New German Style«. Ähnlich wie bei Robinson befinden sich hinter diesen Strömungen gärtnernde Persönlichkeiten, wie Wolfgang Oehme und James van Sweden in den USA, Piet Oudolf, Ton Terlinden und Henk Gerritsen in den Niederlanden sowie Karl Foerster, Richard Hansen, Hans Simon und Cassian Schmidt in Deutschland.

Dem aufmerksamen Leser und passionierten Hobbygärtner stellt sich nach dieser Aufzählung gleich die Frage: »Und in Großbritannien?«. Hier hat die Bewegung keinen wohlklingenden Namen gefunden, sondern bezieht sich vielmehr auf einzelne Personen, wie Beth Chatto, die mit ihren Kiesgärten eine besondere Blumenmischung auf kiesigem Grund für den Garten salonfähig gemacht hat. Ebenso hat Christopher Lloyd Blumen bunt – und das ist genauso gemeint – gemischt. Ich glaube, kaum ein anderer Gartengestalter hat sich so vehement für leuchtende Kombinationen aus Pink und Orange, Gelb und Rosa eingesetzt. Und nicht zu vergessen seine intensiven Bemühungen und Erfolge rund um das Thema Wiesen. Selbst wenn man heutzutage durch die Gärten der Tuillerien vor dem Louvre in Paris schlendert, wird man in den Genuss von Blumenmischungen kommen, die Leichtigkeit und Vielfalt ausstrahlen. Gewiss sind hier einzelne Blüten auch von Pracht und Eleganz gekennzeichnet, wie die Schwertlilie, die als lebendiger Symbolträger der Bourbonen-Lilie nicht fehlen darf. Ebenso findet man im ganzen Land eine sehr feinfühlige und abwechslungsreiche Verwendung von Blumenmischungen im öffentlichen Grün.

Im Hinblick auf die geringere Pflege zeigen Blumenmischungen auch für private Gartenbesitzer eine große Attraktivität. Gerade wenn man nicht so viel ausgeben will, sind Samenmischungen ein willkommenes Angebot. Verlockend dann auch noch die Idee, weniger pflegen zu müssen und sich damit nicht zu blamieren. Das ist richtig, aber nur unter der Voraussetzung, dass man sich mit der Pflanzenauswahl, der Vorbereitung der Flächen und dem Standort intensiv beschäftigt. Blumenmischungen lassen sich nämlich in den seltensten Fällen einfach aus dem Ärmel bzw. der Tüte schütteln.

Als Journalistin versuche ich nicht nur einzelne Gartenreportagen und Pflanzenporträts zu verfassen, sondern ich setze mich immer wieder mit Trends auseinander. Das ist nicht so ganz leicht bei der Gartenthematik, denn der Journalist bekommt bei der Auseinandersetzung mit den grünen Themen immer eines gelehrt:

Geduld, Geduld, Geduld. Sie ist allgegenwärtig, denn wir müssen uns an den jahreszeitlichen Rhythmus halten und können die Pflanzenwelt an dieser Stelle nicht austricksen. Also gedulde ich mich als Journalistin und versuche, den großen Blick auf das Ganze nicht zu verlieren. In den vergangenen Jahren war auffällig, dass immer mehr Angebote von Mischungen auf den Markt gedrängt sind und dass sich bei der Kombination deutliche Veränderungen zeigen. Diesem bin ich auf der Spur geblieben und schließlich habe ich dem Verlag dieses Thema vorgeschlagen. So sage ich Dank an das Lektorat und besonders an Dr. Janina Drostel, die die Idee aufgegriffen hat und mich bei der Umsetzung kritisch und konstruktiv unterstützt hat.

So nehme ich Sie nun mit auf eine kleine gärtnerische Expedition, die Ihnen die Welt der Mischungen erläutert, die Zufälligkeit einer Pflanzung mit ihrer Inszenierung beleuchtet, die Welt der einjährigen und mehrjährigen Blumenmischungen aufzeigt und Anregungen gibt, wie man auch in Kübeln und Kästen den bunten Mix ganz groß herausbringt. Zu guter Letzt wird es schließlich um die Samen gehen – wie man sie selber erntet und lagert, bis sie im folgenden Jahr wieder ausgebracht oder eingetauscht werden.

Ein zweiter Dank geht an den Fotojournalisten Martin Staffler aus Stuttgart, der das Buch mit seinen stimmungsvollen und exzellenten Fotografien bestückt hat und Ihnen dabei hilft, sich ein Bild von den Mischungen und Blumen zu machen.
Viel Spaß beim Entdecken und natürlich Erfolg beim Gärtnern mit Blumenmischungen wünscht Ihnen

Dorothée Waechter

BLUMEN *in bunter Mischung*

Das bunte Zusammenspiel der Blumen

Eine Blumenmischung hat einen ganz besonderen Charakter, der vor allem davon bestimmt wird, dass sich die Pflanzen mit natürlicher Buntheit und großer Formenfülle zusammenfinden. Sie entwickelt sich im Gleichklang mit dem Jahreszeitenrhythmus. Erste zarte Frühlingsblüher kündigen das Ende des Winters an, und schon bald hat das frische Grün der jungen Triebe seinen eigenen Reiz. Zarte Knospen sprießen, und der Blütenreigen nimmt seinen Lauf. Als Intermezzo kommen einige Gräserblüten eher graphisch daher und schließlich bleiben immer auch noch Fruchtstände, die bis in den Winter für Attraktivität sorgen. Im Blütenreigen selber steckt eine ganz besondere Note. Die Blüten treten zwar in Vielzahl und sich wiederholend, ganz locker verstreut auf, aber sie sind nur selten wirklich isolierte Inseln. So ergeben sich zur Blütezeit leichte, manchmal auch etwas kompaktere Schleier, die aber stets von anderen Pflanzen unterlegt und durchwoben werden.

Auf diese Art und Weise sind viele verschiedene Farben zu finden, die isoliert gesehen nicht immer einer geschmackvollen Farbästhetik unterliegen und gelegentlich auch Überraschungen in sich bergen. Aber da die Farben immer von verschiedenen Grüntönen und auch von einer Entwicklung bestimmt sind, bleibt eine Harmonie erhalten. Ein wichtiger Aspekt bei der Blumenmischung ist die Größe der Fläche, die zur Verfügung steht. Da unser Bild von der Blumenmischung zunächst von dem einer Blumenwiese geprägt ist, ist die Wirkung auch von einer gewissen Großzügigkeit der Fläche abhängig. Das heißt aber nicht zwangsläufig, dass man hundert Quadratmeter oder mehr mit der Blumenmischung gestalten muss, sondern es geht darum, großzügig zu gestalten. So kann auch eine Mauerfuge an der Hauswand entlang mit einer Mischung aus ein- und zweijährigen Sommerblumen dekorativ gestaltet werden. Die Länge macht hier die Wirkung aus. Die Pflanzen übernehmen hier jedoch nicht nur eine ausschmückende Funktion, sondern sind quasi auch Konkurrenz für Unkräuter, die sich sonst rasch ansiedeln würden. So erobern statt Klee, Disteln und Löwenzahn Kalifornischer Mohn (*Eschscholzia*), Lein (*Linum*), Wucherblumen (*Chrysanthemum*) und Leinkraut (*Linaria*) zusammen mit Hasenschwanzgras (*Lagurus ovatus*) die Fugen und werden zum Blickfang, den garantiert niemand herauskratzen und entfernen will.

Oder man nimmt einen überdimensional großen Blumenkübel und sät eine passende Mischung hinein. Bei einer Höhe von 70 cm und einem entsprechenden Durchmesser von fast 50 cm ist die Fläche groß genug für eine überzeugende Vielfalt, die sich selbst zu einem Gesamtwerk verwebt.

Was die Blumenmischung ausmacht, liegt vor allem in dem Wechsel der Blütenformen begründet, denn bestimmte Pflanzen haben für uns einen besonderen Wiedererkennungswert. Ganz oben an erster Stelle steht die Margeritenblüte, die quasi Stellvertreter für alle Korbblütler ist. Die runde Scheibe in der Blütenmitte wird von den Röhrenblüten gebildet. Um diese herum stehen die Zungenblüten, die meist anders gefärbt sind. Neben den Klassikern Echte Kamille (*Matricaria chamomilla*) und Margerite (*Leucanthemum vulgare*) bringen Wucherblumen (*Chrysanthemum*), Färberkamille (*Anthemis tinctoria*), Gänseblümchen (*Bellis perennis*) und Ringelblumen (*Calendula officinalis*) diesen typischen Blütentyp in die Mischungen. Nicht unerwähnt sollte aber auch die Wegwarte (*Cichorium intybus*) bleiben, die auch zur Familie zählt, aber eine nur recht kleine Blütenscheibe in der Mitte trägt. Mit ihren blauen Blüten sorgt sie selbst an ganz unwirtlichen Wegrändern mit einem stark verdichteten Boden für einen wasserblauen Schmuck in den Sommerwochen.

Direkt darauf folgen auf der Liste eher zwei Individualisten: der Klatschmohn (*Papaver rhoeas*) und die Kornblume (*Centaurea cyanus*). Der Klatschmohn wird auch gerne als Erstbesiedler von Flächen bezeichnet. Das bedeutet, er wächst vorwiegend auf frisch umgebrochenen Böden. Hat sich das Gefüge dagegen wieder etabliert, kann es sein, dass er wieder verschwindet. Grundsätzlich ist der Klatschmohn eine Blume, die für zwei bis drei Wochen im Juni die Felder in leuchtendes Rot taucht. Einige Züchter haben sich bemüht, das Rot durch zarte Töne wie seidiges Weiß bei der Sorte 'Bridal Silk' sowie Orange und Lachs bei der Sorte 'Falling in Love' zu ersetzen, so dass es Möglichkeiten gibt, die Leichtigkeit der Blütenblätter in andere Farbkombinationen zu integrieren. Zwar bleiben die Samenkapseln des Klatschmohns stehen, aber sie fallen meist in dem Bewuchs kaum noch auf. Etwas Anderes ist es, wenn man statt des Klatschmohns die aus heimischen Bauerngärten stammenden Sorten des Schlafmohns (*Papaver somniferum*) oder den Pfingstrosenblütigen Mohn (*Papver paeoniflorum*) verwendet. Beide haben nicht nur größere, je nach Sorte auch gefüllte Blüten, sondern auch besonders dekorative Samenkapseln.

→
Leuchtend rot flattern die seidigen Blütenblätter des Klatschmohns im Sommerwind.

Die Kornblume mit ihren unverwechselbar blauen Blüten mischt sich in unseren Bildern immer gerne zwischen die reifenden Ähren des Getreides. Sie strahlt damit viel Sommerlichkeit aus. Die Pflanze ist bei uns nicht heimisch, aber ein sogenannter Kulturfolger, der aus dem Mittelmeergebiet vermutlich mit Saatgut eingeschleppt wurde. Dem Ackerbau des Menschen ist sie seither treu geblieben. Lediglich eine starke Überdüngung lässt sie seltener werden. Das Vorkommen am Rand von Getreidefeldern zeigt, dass diese Pflanze gut mit trockenen Standorten klarkommt. Sie wächst an den Feldsäumen meist in Gesellschaft mit Mohn und Kamille (*Matricaria chamomilla*). In Mischungen für stillgelegte Kulturflächen hat die Kornblume einen festen Platz.

Die Doldengewächse haben für die Vielfalt und den Reichtum der kleinen Blüten eine besondere Bedeutung. Zu den ersten Arten im Gartenjahr zählt der Wilde Kerbel (*Antheriscus sylvestris*). Er schießt so etwa Anfang Mai aus dem Boden und entfaltet seine Stiele mit den Verzweigungen, an deren Ende die zahlreichen Schirme mit den Hunderten von kleinen Blüten sitzen. Jede Dolde ist wie ein Landeplatz für Insekten. Diese Form ist ein wichtiges Charakteristikum für Natürlichkeit. Und die Auswahl an Pflanzen ist groß: Sie reicht von Echtem Kerbel (*Antheriscus cerefolium*) und Koriander (*Coriandrum sativum*) über die Große Knorpelmöhre (*Ammi majus*) bis hin zu Kümmel (*Carum carvi*), Liebstöckel (*Levisticum officinale*) und Fenchel (*Foeniculum vulgare*). Etwas ganz Besonderes sind die gelbgrünen Schirme von Dill (*Anethum graveolens*), die zwischen den Blüten von Kornblumen (*Centaurea cyanus*), Rotem Lein (*Linum grandiflorum*) und Kosmeen (*Cosmos atrosanguineus*) stehen.

Wie bei den Doldengewächsen der Schirm einen prägenden Einfluss auf eine Mischung hat, so gehören auch die kerzenförmigen Blütenstände unbedingt in das Zusammenspiel. Die Blüten sind zahlreich und erscheinen nacheinander, wodurch die Blütezeit in die Länge gezogen wird. Auf leicht feuchten Böden übernimmt der Blutweiderich (*Lythrum salicaria*) die prägende Rolle, an kargen Stellen ist das Weidenröschen (*Epilobium*) gefragt, und im Schatten sind es die Fingerhüte (*Digitalis purpurea*), die diese vertikale Linie ziehen. Ampfer (*Rumex*), Wiesensalbei (*Salvia pratensis*) und Lupinen (*Lupinus polyphyllus*) stehen kerzengerade da.

←
In den Blütenblättern der Kornblume spiegelt sich das Blau des Sommerhimmels wider.

Nun gilt es nur wie mit einem Pinsel hier und da einige farbige Tupfer dazwischen zu mischen. Mal ist es ein Scharfer Hahnenfuß (*Ranunculus acris*) in Dottergelb, mal eine lilafarbene Vogelwicke (*Vicia crocca*) und mal ein lilablauer Wiesenstorchschnabel (*Geranium pratense*). Für die Rosatöne sorgen vor allem Nelkengewächse wie die Karthäusernelke (*Dianthus carthusianorum*), die Rote Lichtnelke (*Silene dioica*) und die Kuckucks-Lichtnelke (*Silene flos-cuculi*).

Wahre Kostbarkeiten in den Wiesen sind Orchideen. Die besonderen Blüten, die sich meist im Gras verstecken, verheißen ein intaktes, gewachsenes Gefüge. Denn eine Orchidee braucht bestimmte Pilze im Boden, die sogenannten Mykorrhizen. Sie leben in einer Symbiose und können ohne einander nicht existieren. Daher möchte man zwar das Fuchs' Knabenkraut (*Dactylorhiza fuchsii*) oder die Bienen-Ragwurz (*Ophrys apifera*) gerne als Krönung der eigenen Wiese im Garten begehren – aber die Vernunft muss siegen. Nicht nur auf Grund des Naturschutzes, sondern auch, weil man nur selten erfolgreich eine Orchidee umsiedelt. Schließlich sind diese Pflanzen auf ganz besondere Standorte spezialisiert und überleben nur, wenn Boden und Licht tatsächlich eins zu eins übereinstimmen. Es wäre zu schade, die Pflanzen nicht nur gegen alle Vorschriften, sondern auch noch vergeblich ihrem natürlichen Gefüge entnommen zu haben. Wer Standorte von Kleinem Knabenkraut (*Orchis moria*) oder Geflecktem Knabenkraut (*Orchis maculata*) kennt, der wird sie zur Blüte besuchen und an Ort und Stelle diesen Zauber genießen, um die Erinnerung mit nach Hause zu nehmen – mehr aber bitte nicht. Und wer es doch versuchen will, nimmt Orchideen aus der Kultur, die man mittlerweile in verschiedenen Spezialbetrieben erwerben kann.

Oder wer eine feuchte Wiese hat, der kann auch mit Herbstzeitlosen (*Colchicum autumnale*) den Zauber des Besonderen in den Garten bringen. Diese Zwiebelblume, die mit den Liliengewächsen verwandt ist und zur Familie der Zeitlosengewächse zählt, bekommt man im Spätsommer häufig angeboten. Die Blüten erinnern an einen hellvioletten Krokus und tauchen fast überraschend im Herbst zwischen den grünen Gräserhalmen auf. Nicht selten hat es den Anschein, dass sich im Frühjahr erneut eine Knospe verirrt. Dieses ist allerdings ein Trugschluss, denn es handelt sich nur um den Fruchtstand, der sich von Natur aus erst nach dem Winter vollständig ausbildet. So wird garantiert, dass die staubfeinen Samen tatsächlich reif werden können und nicht mitten in der Entwicklung von einem frühen Wintereinbruch überrascht werden.

↑
Gräser verwischen das Lilablau des Wiesenstorchschnabels und das Gelb der Korbblütler zu einem impressionistischen Bild.

Auf frühlingsfrischen Böden zeigen sich auch bereits im Lenz die ersten Blüten. Veilchen (*Viola*) und Primeln (*Primula*) sowie Ehrenpreis (*Veronica*) und Günsel (*Ajuga*) wachsen recht niedrig und bilden zwischen März und April ihre ersten Blüten aus. So wächst die Spanne, in der es die Attraktionen in einer Wiese zu begutachten gibt. Etwas gewöhnlicher, aber zu seiner Zeit auch ein herrlicher Blickfang ist das Wiesenschaumkraut (*Cardamine pratensis*), das mit seinen zartvioletten Blüten eine mehrjährige Mischung überzieht.

Millefleurs – 1000 Blumen in der Kunst

In der bestimmten Phasen der Kunstgeschichte war die Mischung von Blumen ein Stil prägendes Element. Aus der französischen Sprache stammt die Bezeichnung »Millefleurs«, die übersetzt so viel wie 1000 Blumen bedeutet. Der Begriff beschreibt sehr treffend dieses Element, das vor allem in der Teppich- und Stoffherstellung verwendet wurde. Er ist im späten Mittelalter geprägt worden. Berühmte Werke, die heute noch zu bewundern sind, sind beispielsweise der »Tausendblumenteppich« in Bern und das »Einhorn im Gehege«, eine Tapisserie, die im Mittelalterlichen Museum in Paris zu bewundern ist. Bei Letzterem sitzt das Einhorn auf einer Blumenwiese, die sich unter anderem aus Veilchen (*Viola odorata*), Tausendschön (*Bellis*), Gartennelken (*Dianthus caryophyllus*), Schlüsselblumen (*Primula veris*), Madonnen-Lilien (*Lilium candidum*), Schwertlilien (*Iris germanica*) und dem Stattlichen Knabenkraut (*Orchis mascula*) zusammensetzt. Im Berner Prachtwerk konnten über drei Dutzend verschiedene Blumen eindeutig bestimmt werden, darunter Kornrade (*Agrostemma githago*), Goldlack (*Cheiranthus cheiri*), Gefleckte Taubnessel (*Lamium maculatum*), Windendes Geißblatt (*Lonicera periclymenum*) und Knolliger Beinwell (*Symphytum bulbosum*).

Es ist die Zeit, in der – geprägt durch die blumenreichen Klostergärten – auch die Blumendarstellung eine hohe Bedeutung hatte. Die reine Ornamentik beginnt immer realistischer und vor allem naturalistischer zu werden. In der Regel folgt das Dekor einem gewissen Grundschema: eine Grundszene, die in zahlreichen Fällen biblischen Ursprungs war, wird großzügig mitten auf einen blumengeschmückten Untergrund gestellt. Der Untergrund ersetzte dabei den Horizont, dessen perspektivische Darstellung nicht entwickelt war. Er wurde gefüllt mit Ranken und Rosetten, ebenso wie mit Blüten. Dabei handelt es sich um zahlreiche verschiedene Blumen. Je weniger die Ornamentik der zierenden Ranken eine Rolle spielt, desto lockerer sind die Blüten verteilt und sie erinnern an eine Wiese. Betrachtet man die Blumen genauer und bestimmt sie, so entdeckt man, dass diese nicht gemeinsam blühen, sondern vor allem ihre Symbolik eine Rolle spielt. Beispiele hierfür sind das »Paradiesgärtlein«, ein Gemälde eines Oberrheinischen Malers (um 1410/20), das heute im Städel in

Frankfurt ausgestellt wird, und »Muttergottes in der Rosenlaube« von Stephan Lochner (um 1450), zu sehen im Wallraf-Richartz-Museum in Köln. Erdbeeren, Lilien, Pfingstrosen und viele andere Marienblumen finden sich wieder.

Während Tafelmalerei und Illustrationen von Handschriften vor allem über die mittelalterlichen Klöster Verbreitung finden, stammten die Millefleurs-Tapisserien der Spätgotik vor allem aus Frankreich. Man nimmt an, dass die Zentren für die Herstellung vor allem im Herzogtum Burgund und im Loire-Gebiet angesiedelt waren. Dieses damals geprägte Stilelement, unzählige Blumen über eine Fläche zu verstreuen, etabliert sich auch als Stoff- und Tapetenmuster. Man findet Millefleurs in der keramischen und in der Glaskunst.

Mit der Perspektive wurden die Millefleurs als Hintergrund vertrieben und die Blüten kehrten zurück in den Vordergrund. In der Phase zwischen dem 17. und 18. Jahrhundert hatten die Blumenstillleben ihre Hochphase. Erhalten blieben dabei die bunte Mischung der Blüten, die nicht zusammen blühen, auf der einen Seite und die Symbolkraft der Blüten. Allerdings waren es immer nicht nur die zarten Streublumen, die wild und natürlich am Wegesrand wachsen, sondern in dieser Zeit auch viele prunkvolle Zierpflanzen. Seither haben Millefleurs immer dann, wenn naturalistische Ideen prägend waren, eine Renaissance erlebt und ihren Platz erneut auf Gemälden sowie in den Dessins von Stoffen und Gebrauchsgegenständen gefunden.

Sind die Pusteblumen reif, lässt der Hahnenfuß
die Wiesen goldgelb glänzen.

Vorbilder aus der Natur: Wiesen

Man findet so eine »richtige« Wiese nicht mehr auf Anhieb in unserer Kulturlandschaft. Diese ist nämlich zunächst geprägt von Städten, Industrie und landwirtschaftlichen Nutzflächen. Wenn man die großen Wege ein wenig verlässt und beispielsweise Jagsttal, Ostalp oder Markgräfler Land per pedes entdeckt, dann findet man herrliche Blumenwiesen, bei deren Anblick man sich wünscht, an genau dieser Stelle das Leben einer Kuh führen zu dürfen. Wie ein silbriger Schleier zeichnet sich der Eisenhutblättrige Hahnenfuß (*Ranunculus aconitifolius*) an den Bachrändern ab. An anderer Stelle überlagern sich rosarote Wolken der Kuckucks-Lichtnelke (*Silene flos-cuculi*) in sanfter Mischung mit dem sonnigen Gelb von scharfem Hahnenfuß (*Ranunculus acris*). Unzählige Bilder kommen einem in den Sinn – farbenprächtig, vielfältig und von Insekten umschwärmt – und ihnen allen gleich ist ein grasgrüner Untergrund. Gräser und Blumen in einem Gleichgewicht – das sind Wiesen, wie man sie sich erträumt. Diese Harmonie und Natürlichkeit wirkt wie ein Kinderspiel. Warum denn nicht? Ein paar Blumen im Rasen, aber nicht nur Löwenzahn und Gänseblümchen. Das Gras nicht so oft mähen müssen – da kommt man ins Schwärmen und übersieht nur allzu schnell, dass man die Natur nicht einfach sich selbst überlassen kann, sondern mit Wissen und Beobachtung das Zusammenspiel so lenken muss, dass tatsächlich so eine schöne Blumenwiese entsteht. Die Krux dieser Wiesen liegt zum einen in einem viel zu nährstoffreichen Boden, der genau der Grund ist, warum sich der Löwenzahn so pudelwohl fühlt. Zum anderen muss man wissen: Gras ist nicht gleich Gras. Es gilt, genau die Gräser zusammenzustellen, die sich nicht gleich breit machen, sondern Arten, die gemäßigt wachsen und Blumen an ihrer Seite dulden. Man muss schauen, dass sich die Gräser und die Blumen aussäen, damit die Samen auf die Erde fallen und wieder neue Pflanzen heranwachsen. Auch muss man erstmal wissen, was man für einen Boden hat, um die passenden Gräser auszusuchen.

Wer keinen großen Aufwand betreiben will, der findet im Angebot der spezialisierten Händler für Blumenwiesenmischungen sogenannte Universalmischungen. Diese Mischungen sind sehr artenreich und setzen damit quasi auf das Prinzip »trial and error«. Die Pflanzen, die mit dem Standort klarkommen, werden sich durchsetzen und sich auch etablieren. Die Arten, denen der Standort nicht zusagt, werden schnell verschwinden oder unter Umständen gar nicht auftauchen. Die Mischung ist so ausgelegt, dass sich die Wiese mehrjährig entwickelt.

Wer dagegen wirklich bestimmen will, was für eine Wiese in seinen Garten kommt, der lässt zunächst den Boden untersuchen, um tatsächlich Nährstoffzusammensetzung und pH-Wert zu kennen. Das Nährstoffproblem bekommt man in den Griff, in dem man den Boden abmagert. Dazu mäht man häufig und trägt das Schnittgut ab, damit die darin enthaltenen Nährstoffe dem Boden ein für alle Mal entzogen werden. Geduld wird allerdings groß geschrieben, denn es kann durchaus zwei bis drei Jahre dauern, bis man einen Boden hat, auf den eine entsprechende Mischung von Kräutern ausgesät werden kann.

Bei der Auswahl der Gräser muss man sich recht genau an die Gegebenheiten des Bodens halten. Für trockene Standorte mit einem geringen Nährstoffgehalt sind vor allem Gemeines Ruchgras (*Anthoxantum odoratum*), Aufrechte Trespe (*Bromus erectus*) und Gemeines Kammgras (*Cynosurus cristatus*) gefragt. Ist zusätzlich der Kalkgehalt hoch, kann man auch noch den Schafschwingel (*Festuca ovina*) hinzufügen. Für die feuchteren Standorte haben sich neben Gemeinem Ruchgras und Gemeinem Kammgrass der Wiesenfuchsschwanz (*Alopecurus pratense*) und der Goldhafer (*Trisetum flavescens*) bewährt.

Beim Sinneswandel vom Rasen zur Wiese kann es schon mal vorkommen, dass man die Idylle überschätzt. Die Funktionalität einer eher kurz gehaltenen Spiel- und Liegewiese im Garten ist nämlich auch nicht zu verachten. Als Kompromiss kann man eine Mischung ausbringen, die natürlich zahlreiche Kräuter enthält, aber auch eine ganze Reihe von Gräsern, die es vertragen, öfter gemäht zu werden. Der Artenreichtum der Gräser ist bei dieser Mischung höher und der Anteil an Grassaat beläuft sich auf 90 Prozent. Die Artenliste der Kräuter enthalt Schafgarbe (*Achillea millefolium*), Gänseblümchen (*Bellis perennis*), Wiesenschaumkraut (*Cardamine pratensis*), Löwenzahnarten (*Leontodon*) und Feldthymian (*Thymus pulegioides*). Als Gräser sind neben dem Roten Straußgras (*Agrostius tenui*), das Gemeine Kammgras (*Cynosurus cristatus*), verschiedene Schwingelarten (*Festuca*) und Rispengräser (*Poa*) vertreten.

Die Sonnenblume trägt mit ihrem stark verzweigten Wurzelsystem zur Lockerung des Bodens bei.

Wenn die Natur gärtnert: Gründüngung

Wer Zeit hat, nutzt die Natur für seine Zwecke. Besonders effektiv ist dieses mit einer sogenannten Gründüngung. Dabei werden auf freien Flächen Pflanzen gesät, die die Bodenstruktur und die Zusammensetzung des Bodens verbessern. Darüber hinaus ist dieser Bewuchs ein Schutzmantel, der vor allem das Bodenleben fördert. Auch verhindert so ein Bewuchs die Erosion – also den Abtrag von Erdreich durch Wind oder Wasser. Eigenschaften wie eine gute Krümelstruktur, eine gute Wasserhaltefähigkeit und der Nährstoffgehalt werden optimiert. Außerdem werden Bodenkrankheiten und -schädlinge bekämpft.

Im Ackerbau wird Gründüngung flächig ausgesät und meist auch nur in Monokultur. Aber für die Anwendung im Hausgarten gibt es ganz unterschiedliche Mischungen, die den Vorteil haben, dass die einzelnen Arten in ihrer Wirkung verschieden sind. Es handelt sich quasi um ein Kombinationspräparat. Allen gemein ist die Wirkung, den Boden zu verbessern. Dieses geschieht insbesondere dadurch, dass der Boden mit einer Vegetationsschicht bedeckt ist. Es macht zum Beispiel nur bedingt Sinn, die Bepflanzung eines Gartens im Sommer anzulegen. Man müsste viel gießen, und die Pflanzen würden in dieser Zeit hoher Aktivität enormen Stress haben. Ebenso wäre es ein Fehler, sich für die Planung des Gartens nicht ausreichend Zeit zu nehmen. Das geschieht häufig, wenn man endlich Blumen im Garten haben will, obwohl man sich über die Strukturen der Anlage noch nicht im Klaren ist. Eine vielfältige Gründüngung verhindert, dass man überstürzt handelt und sorgt dafür, dass sich der Boden zunächst einmal regeneriert. Die Pflanzen werden besser an- und einwachsen, so dass man später die Zeitverzögerung nicht mehr spürt. Auf den Flächen wird sich in dieser Zeit auf jeden Fall kein Unkraut ansiedeln, das Erdreich wird bei Starkregen nicht abgespült und das Bodenleben vor UV-Strahlung geschützt. Sonnenblume (*Helianthus annuus*) und Bienenfreund (*Phacelia tanacetifolia*) haben beispielsweise ein besonders kräftiges Wurzelwerk, dass in der Lage ist, verhärtete Strukturen aufzubrechen und den Boden zu lockern. Senf (*Sinapis alba*) wächst besonders schnell und kann wie der tiefwurzelnde Ölrettich (*Raphanus sativus*) darüber hinaus auch noch die Bekämpfung von Bodennematoden unterstützen. Eine ganz besondere Fähigkeit haben die sogenannten Schmetterlingsblütler, auch Leguminosen genannt. Sie entwickeln an den kräftig und weit verzweigten Wurzeln die Knöllchenbakterien. Dabei handelt es sich um eine Lebensgemeinschaft mit Bakterien, die Stickstoff binden können. Dadurch können diese Pflanzen auf einem sehr armen bzw. nicht gedüngten Boden überhaupt wachsen. Wenn das Grün später in den Boden eingearbeitet wird, ist der Stickstoff enthalten und wird durch Umsetzung im Boden den Kulturpflanzen wieder zur Verfügung gestellt. Zu den typischen Leguminosen, die als Gründung gesät werden, zählen Lupinen (*Lupinus luteus*, *L.angustifolius*, *L.albus*), Sommerwicken (*Vicia sativa*) und Persischer Klee (*Trifolium resupinatum*). Sie sorgen ähnlich wie Sonnenblumen und Bienenfreund dafür, dass auch das Auge sich an bunten Farben erfreuen kann.

Eine besondere Aufgabe übernimmt die Studentenblume (*Tagetes* 'Single Gold'), weil diese sehr üppig blühende Sommerblume das gesunde Gleichgewicht eines intensiv genutzten Bodens wiederherstellt. Bei einer intensiven Nutzung der Gartenfläche trifft man das Phänomen der Bodenmüdigkeit an. Trotz Düngung und Bewässerung wachsen die Pflanzen nicht gut, sie blühen schlecht und die Ernte lässt zu wünschen übrig. Ein Problem der Bodenmüdigkeit sind sogenannte Nematoden. Das sind Fadenwürmer, die im Boden sind und die Wurzeln der Pflanzen befallen. Auch die Tagetes wird befallen, sie ist aber in der Lage, die Nematoden fast vollständig abzutöten. Das Einarbeiten der Pflanzen in den Boden bzw. eine Kompostierung ist also möglich, so dass auch der Humusgehalt durch diese Gründüngungspflanze verbessert werden kann.

Während die bislang genannten Arten alle mit dem ersten Frost absterben, gibt es einige Arten, die winterhart sind. Der Vorteil ist nicht nur, dass man sie auch in der Zeit von August bis September noch aussäen kann, sondern auch der, dass über den Winter ein ansehnliches Bild einer geschlossenen, grünen Pflanzendecke erhalten bleibt. Das hat aber auch für das Gefüge positive Effekte, denn die Pflanzen nehmen Nährstoffe aus dem Boden auf und verhindern, dass sie ins Grundwasser ausgewaschen werden. Winterroggen (*Secale cereale*) ist so winterhart, dass man ihn noch im Oktober aussäen kann. Als Tiefwurzler hat sich der Winterraps (*Brassica napus* var. *napus*) bewährt. Feldsalat (*Valerianella locusta*), der übrigens auch beerntet werden kann, wenn der Boden frei von Schadstoffen ist, durchwurzelt intensiv die Bodenoberfläche, was bei verkrusteten Böden eine große Hilfe ist. Als Stickstoffsammler sind die Winterzottelwicke (*Vicia villosa*), Inkarnatklee (*Trifolium incarnatum*) und Serradella (*Ornithopus sativus*) bewährt.

Eine Gründüngung wird gesät. Die Bodenoberfläche sollte dafür kleinkrümelig gelockert sein. Man streut die Samen auf der Fläche locker aus. Wer darin wenig Übung hat, teilt die Saatgutmenge auf. Zunächst wird die erste Hälfte gleichmäßig verteilt, danach die zweite. Anschließend werden die Samen mit dem Rechen behutsam eingearbeitet und angewalzt. Bei kleineren Flächen kann man auch in drei bis vier Fingern tiefen Reihen säen. Der Vorteil: Samen können tiefer gelegt werden und sind so vor Fraßfeinden geschützt. Es dauert etwa ein bis zwei Wochen, bis sich die ersten Sämlinge zeigen. Solange sollte auf jeden Fall dafür gesorgt werden, dass der Boden leicht feucht ist. Im Sommer empfiehlt sich ein grobes Schattiergewebe auszulegen, bis die erste Saat aufgeht. Es dauert je nach Pflanzenart ein bis drei Monate, bis die Gründüngung in voller Blüte steht und komplett geschlossen ist. Etwa zwei bis drei Wochen vor der neuen Bepflanzung wird die Gründüngung entweder abgeräumt oder in den Boden eingearbeitet. So wird der Humusgehalt des Bodens erhöht und seine positiven Eigenschaften werden gefördert.

↓
Esparsette schmückt Wiesen mit rosaroten Blütenkerzen.

Wiesenblumen wie die Kornrade erweisen sich
als attraktive Nahrungsquelle für Insekten.

Ein Motto für die Mischung

Blumenmischungen, die man angeboten findet, haben ganz unterschiedliche Themen, nach denen die enthaltenen Pflanzen zusammengestellt werden. Eigenschaften, die die Blüten betreffen oder den Wuchs, werden dabei ebenso in den Vordergrund gestellt wie die Handhabung oder der Standort. Bei einigen Kompositionen geht es um die Verwendung, und nicht selten übernehmen die Mischungen eine Aufgabe. Diese Oberbegriffe orientieren sich ebenso wie die Namen häufig an der Mode. Bei hochwertigen Saatgutmischungen findet man tatsächlich Angaben dazu, welche Pflanzen enthalten sind. Dabei merkt man dann auch relativ schnell, ob eine Mischung tatsächlich ausgetestet und das Miteinander der enthaltenen Pflanzen bewährt ist oder ob die Mischung eher eine Art »Resteverwertung« der Saatgutproduktion ist. Natürlich können die Anteile der Arten immer mal schwanken, aber die Grundlage ist, dass alles funktioniert. Nur dann ist der Kunde tatsächlich auch zufrieden und hat Lust, auch im nächsten Jahr wieder diese oder eine andere Blumenmischung auszuprobieren. Ist die Mischung eine Enttäuschung, obwohl man alles dafür getan hat, dass die Samen gut keimen und anwachsen, dann wird man vielleicht keine Saatgutmischung mehr verwenden, sondern vielleicht doch eher dazu übergehen, eine Staudenmischung zu pflanzen oder auch ein klassisches Blumenbeet anzulegen.

Für jede Situation die richtige Mischung

Ob eine Blumenmischung gelingt, hängt in erster Linie davon ab, dass die ausgewählten Pflanzen miteinander und mit der vorhandenen Situation klarkommen. Daher ist hier eine aufmerksame Abstimmung und Auswahl ebenso wichtig wie die gründliche Analyse des Standortes. Ein durchschnittlicher Gartenboden mit leicht basischer Bodenreaktion, einer guten Krümelstruktur und einem durchschnittlichen bis gutem Nährstoffgehalt sind keine Herausforderung. Diese Standorte in sonniger bis halbschattiger Lage sind für die farblichen Blumenmischungen oder solche mit einem Motto kein Problem: Sie sind genau für diese Plätze zusammengestellt. Aber wenn es darum geht, trockene oder feuchte, besonders kalkhaltige Böden mit einer Mischung erfolgreich zu besiedeln, dann sollte man tatsächlich wählerisch sein und diese Aspekte bei der Auswahl unbedingt beachten. Auch eine schattige Lage, vielleicht mit humosem feuchtem Grund oder Baumscheiben, auf denen nicht nur die schlechte Lichtsituation, sondern auch die Konkurrenz um Wasser und Nährstoffe sowie um einen ausreichenden Wurzelraum relativ hoch ist, brauchen Pflanzenkombinationen, die sich mit diesen Bedingungen leicht tun.

Besondere Aufmerksamkeit benötigt die Bodenreaktion. Kalkhaltige und saure Böden sind sehr unterschiedlich von den Pflanzen, die sich dort wohlfühlen. Diese Unterschiede sind aber auch gleichzeitig eine große Chance für Vielfalt und eine Erfolgsgarantie, wenn man die Pflanzen, die sich wohl fühlen, von Anfang an etabliert.

Ebenso ist die Bodenfeuchtigkeit eine Eigenschaft, die Pflanzen aushalten müssen. Pflanzen, die an Trockenheit gewöhnt sind, werden sich bei zuviel Feuchtigkeit schnell entwickeln und Fäulnis an Wurzeln und Stielen zeigen. Die Feuchtigkeit liebenden Pflanzen werden ziemlich rasch vertrocknen – es sei denn, man gießt unaufhörlich.

Die halbschattige bis schattige Lage hat eine ganz eigene Flora, die mit etwas mehr Zartheit hinsichtlich der Blütenfarben daher kommt. Es sind viele Blumen in zarten bis kräftigen Lila- und Blautönen, Rosa und Weiß in den Mischungen vertreten. Gelb und Orange sind wirklich die Ausnahme. Gerade aber die Wirkung dieser zarten Töne gibt dem Schatten Leichtigkeit und Licht. Handelt es sich bei dem Schatten um eine Baumscheibe, so sollte man darauf achten, dass die Mischung von der Pflanzenhöhe niedrig gehalten bleibt. Von den Proportionen passt dieses optisch besser. Außerdem ist ein Augenmerk darauf zu richten, dass die Pflanzen sich gegenseitig nicht zu stark bedrängen beziehungsweise eine Art im Laufe der Jahre die Oberhand bekommt.

→
Sonnenblumen, Buschwinden und roter Lein bevorzugen warme, sonnige Standorte.

→
Ton-in-Ton ergänzen sich die Kerzen des Salbeis und die Blüten des Storchschnabels.

Pflanzen für sandige Böden

↓

- **Grasnelke** (*Armeria maritima*)
- **Sandnelke** (*Dianthus arenarius*)
- **Büschelnelke** (*Dianthus armeria*)
- **Rosmarin-Weidenröschen** (*Epilobium dodonaei*)
- **Steppen-Thymian** (*Thymus pannonicus*)
- **Ähriger Ehrenpreis** (*Veronica spicata*)

Kalkliebende Pflanzen

→

- **Edle Schafgarbe** (*Achillea nobilis*)
- **Sommeradonis** (*Adonis aestivalis*)
- **Odermennig** (*Agrimonia eupatoria*)
- **Kornrade** (*Agrostemma githago*)
- **Blauer Gauchheil** (*Anagallis foemina*)
- **Wilde Ochsenzunge** (*Anchusa officinalis*)
- **Ästige Graslilie** (*Anthericum ramosum*)
- **Wundklee** (*Anthyllis vulneraria*)
- **Schwarzviolette Akelei** (*Aquilegia atrata*)
- **Aronstab** (*Arum maculatum*)
- **Haselwurz** (*Asarum europaeum*)
- **Färbermeister** (*Asperula tinctoria*)
- **Alpenaster** (*Aster alpinus*)
- **Berg-Aster** (*Aster amellus*)
- **Goldhaaraster** (*Aster linosyris*)
- **Große Sterndolde** (*Astrantia major*)
- **Aufrechte Trespe** (*Bromus erectus*)
- **Echter Steinsame** (*Buglossoides officinalis*)
- **Ochsenauge** (*Buphthalmum salicifolium*)
- **Echte Bergminze** (*Calamintha sylvatica*)
- **Knäuelglockenblume** (*Campanula glomerata*)
- **Waldglockenblume** (*Campanula latifolia*)
- **Pfirsichblättrige Glockenblume** (*Campanula persicifolia*)
- **Ackerglockenblume** (*Campanula rapunculoides*)
- **Rapunzelglockenblume** (*Campanula rapunculus*)
- **Straußblütige Glockenblume** (*Campanula thyrsoides*)
- **Nickende Distel** (*Carduus nutans*)

- **Blaugrüne Segge** *(Carex flacca, Syn.: C. glauca)*
- **Golddistel** *(Carlina vulgaris)*
- **Skabiosenflockenblume** *(Centaurea scasa)*
- **Rispenflockenblume** *(Centaurea stoebe)*
- **Tausendgüldenkraut** *(Centaurium umbellatum)*
- **Straußblütige Margerite** *(Chrysanthemum corymbosum)*
- **Wegwarte** *(Cichorium intybus)*
- **Stängellose Kratzdistel** *(Cirsium acaule)*
- **Wollköpfige Kratzdistel** *(Cirsium eriophorum)*
- **Gelbe Waldrebe** *(Clematis tangutica)*
- **Wirbeldost** *(Clinopodium vulgare)*
- **Benediktenkraut** *(Cnicus benedictus)*
- **Herbstzeitlose** *(Colchicum autumnale)*
- **Sumpfblutauge** *(Comarum palustre)*
- **Ackerrittersporn** *(Consolida regalis)*
- **Kronwicke** *(Coronilla varia)*
- **Gelber Lerchensporn** *(Corydalis lutea)*
- **Mauerblümchen** *(Cymbalaria muralis)*
- **Schwalbenwurz** *(Cynanchum vincetoxicum)*
- **Karthäusernelke** *(Dianthus carthusianorum)*
- **Prachtnelke** *(Dianthus superbus)* →

- **Diptam** (*Dictamnus albus*)
- **Gelber Fingerhut** (*Digitalis lutea*)
- **Hungerblümchen** (*Draba aizoides*)
- **Blaue Kugeldistel** (*Echinops ritro*)
- **Wilde Kugeldistel** (*Echinops sphaerocephalum*)
- **Edeldistel** (*Eryngium planum*)
- **Knolliges Mädesüß** (*Filipendula vulgaris*)
- **Echtes Labkraut** (*Galium verum*)
- **Sumpfstorchschnabel** (*Geranium palustre*)
- **Blutstorchschnabel** (*Geranium sanguineum*)
- **Siegwurz** (*Gladiolus communis*)
- **Gemeine Kugelblume** (*Globularia punctata*)
- **Apennin-Sonnenröschen** (*Helianthemum apenninum*)
- **Gemeines Sonnenblümchen** (*Helianthemum nummularium*)
- **Leberblümchen** (*Hepatica nobilis*)
- **Drachenmaul** (*Horminium pyrenaicum*)
- **Bilsenkraut** (*Hyoscamus niger*)
- **Ysop** (*Hyssopus officinalis*)
- **Bittere Schleifenblume** (*Iberis amara*)
- **Schwertblätteriger Alant** (*Inula ensifolia*)
- **Rauer Alant** (*Inula hirta*)
- **Weidenalant** (*Inula salycina*)
- **Florentinische Bartiris** (*Iris germanica Florentina*)
- **Sibirische Schwertlilie** (*Iris sibirica*)
- **Färberwaid** (*Isatis tinctoria*)
- **Blaue Kammschmiele** (*Koeleria glauca*)
- **Blauer Lattich** (*Lactuca perennis*)
- **Gelbe Taubnessel** (*Lamium galeobdolon*)
- **Wiesenplatterbse** (*Lathyrus pratensis*)
- **Waldplatterbse** (*Lathyrus sylvestris*)
- **Knollenplatterbse** (*Lathyrus tuberosus*)
- **Frühlingsplatterbse** (*Lathyrus vernus*)
- **Herzgespann** (*Leonurus cardiaca*)
- **Alpenlein** (*Linaria alpina*)
- **Blauer Staudenlein** (*Linum perenne*)
- **Jupiternelke** (*Lychnis flos-jovis*)
- **Rosen-Malve** (*Malva alcaea*)
- **Ackerwachtelweizen** (*Melampyrum arvense*)
- **Wimperperlgras** (*Melica ciliata*)
- **Echter Steinklee** (*Melilotus officinalis*)
- **Immenblatt** (*Melittis melissophyllum*)
- **Traubenhyazinthe** (*Muscari racemosum*)
- **Esparsette** (*Onobrychis viciifolia*)
- **Hauhechel** (*Ononis spinosa*)
- **Eselsdistel** (*Onopordum acanthium*)
- **Klatschmohn** (*Papaver rhoeas*)
- **Wildpastinak** (*Pastinaca sativa*)
- **Polsterphlox** (*Phlox subulata*)

- **Vielblütiger Salomonsiegel** (*Polygonatum multiflorum*)
- **Aurikel** (*Primula auricula*)
- **Himmelschlüssel** (*Primula elatior*)
- **Echte Schlüsselblume** (*Primula veris*)
- **Große Braunelle** (*Prunella grandiflora*)
- **Lungenkraut** (*Pulmonaria officinalis*)
- **Küchenschelle** (*Pulsatilla vulgaris*)
- **Scharbockskraut** (*Ranunculus ficaria*)
- **Weinraute** (*Ruta graveolens*)
- **Klebriger Salbei** (*Salvia glutinosa*)
- **Sommersalbei** (*Salvia nemorosa*)
- **Echter Salbei** (*Salvia officinalis*)
- **Wiesensalbei** (*Salvia pratensis*)
- **Muskatellersalbei** (*Salvia sclarea*)
- **Quirlblütiger Salbei** (*Salvia verticillata*)
- **Kleiner Wiesenknopf** (*Sanguisorba minor*)

- **Seifenkraut** (*Saponaria officinalis*)
- **Traubensteinbrech** (*Saxifraga paniculata*)
- **Rundblättriger Steinbrech** (*Saxifraga rotundifolia*)
- **Schattensteinbrech** (*Saxifraga umbrosa*)
- **Taubenskabiose** (*Scabiosa columbaria*)
- **Gelbe Skabiose** (*Scabiosa ochroleuca*)
- **Sumpfhelmkraut** (*Scutellaria galericulata*)
- **Milde Fetthenne** (*Sedum sexangulare*)
- **Färberscharte** (*Serratula tinctoria*)
- **Bergsesel** (*Seseli montanum*)
- **Blaugras** (*Sesleria varia*)
- **Ackerlichtnelke** (*Silene noctiflora*)
- **Bergziest** (*Stachys recta*)
- **Waldziest** (*Stachys sylvatica*)
- **Edelgamander** (*Teucrium chamaedrys*)
- **Berggamander** (*Teucrium montanum*)

- **Akeleiblättrige Wiesenraute** (*Thalictrum aquilegifolium*)
- **Gelbe Wiesenraute** (*Thalicthrum flavum*)
- **Zitronenthymian** (*Thymus citriodorus*)
- **Echter Thymian** (*Thymus vulgaris*)
- **Großer Bocksbart** (*Tragopogon dubius*)
- **Trollblume** (*Trollius europaeus*)
- **Weinbergtulpe** (*Tulipa sylvestris*)
- **Zwergsterntulpe** (*Tulipa tarda*)
- **Felsennelke** (*Tunica saxifraga*)
- **Huflattich** (*Tussilago farfara*)
- **Baldrian** (*Valeriana officinalis*)
- **Großblütige Königskerze** (*Verbascum densiflorum*)
- **Mehlige Königskerze** (*Verbascum lychnites*)
- **Purpur-Königskerze** (*Verbascum phoeniceum*)
- **Langblättriger Ehrenpreis** (*Veronica longifolia*)
- **Großer Ehrenpreis** (*Veronica teucrium*)

Kalkmeidende Pflanzen

→

- **Sumpfschafgarbe** (*Achillea ptarmica*)
- **Katzenpfötchen** (*Antennaria dioica*)
- **Arnika** (*Arnica montana*)
- **Bärtige Glockenblume** (*Campanula barbata*)
- **Rundblättrige Glockenblume** (*Campanula rotundifolia*)
- **Dunkle Flockenblume** (*Centaurea nigra*)
- **Büschelnelke** (*Dianthus armeria*)
- **Heidenelke** (*Dianthus deltoides*)
- **Großblütiger Fingerhut** (*Digitalis grandiflora*)
- **Roter Fingerhut** (*Digitalis purpurea*)
- **Waldweidenröschen** (*Epilobium angustifolium*)
- **Reiherschnabel** (*Erodium cicutarium*)
- **Petersbart** (*Geum montanum*)
- **Habichtskraut** (*Hieracium aurantiacum*)
- **Sandrapunzel** (*Jasione laevis*)
- **Bergsandglöckchen** (*Jasione montana*)
- **Bergplatterbse** (*Lathyrus montanus*)
- **Blaue Staudenlupine** (*Lupinus polyphyllos*)
- **Moschusmalve** (*Malva moschata*)
- **Bärwurz** (*Meum athamanticum*)
- **Pfeifengras** (*Molinia caerulea*)
- **Borstgras** (*Narduus stricta*)
- **Schwarze Teufelskralle** (*Phyteuma nigrum*)
- **Blutwurz** (*Potentilla erecta*)
- **Kleiner Klappertopf** (*Rhinanthus minor*)
- **Kleines Helmkraut** (*Scutellaria minor*)
- **Tripmadam** (*Sedum rupestre*)
- **Waldehrenpreis** (*Veronica officinalis*)

Pflanzen für feuchte bis frische Böden

↓

- **Sumpfschafgarbe** (*Achillea ptarmica*)
- **Echter Eibisch** (*Althaea officinalis*)
- **Sterndolde** (*Astrantia major*)
- **Sumpfdotterblume** (*Caltha palustris*)
- **Sumpfblutauge** (*Comarum palustre*)
- **Mädesüß** (*Filipendula ulmaria*)
- **Sumpfstorchschnabel** (*Geranium palustre*)
- **Bachnelkenwurz** (*Geum rivale*)
- **Kuckuckslichtnelke** (*Lychnis flos-cuculi*)
- **Blutweiderich** (*Lythrum salicaria*)
- **Pfeifengras** (*Molinia caerulea*)
- **Wiesenknöterich** (*Polygonum bistorta*)
- **Großer Wiesenknopf** (*Sanguisorba officinalis*)
- **Trollblume** (*Trollius europaeus*)

Eine mehrjährige Mischung für kalkhaltige Böden aus Sommersalbei, Schafgarbe und Spornblume.

Pflanzen für trockene Böden

→

- **Edle Schafgarbe** (*Achillea nobilis*)
- **Sommeradonis** (*Adonis aestivalis*)
- **Odermennig** (*Agrimonia eupatoria*)
- **Gelber Lauch** (*Allium flavum*)
- **Berglauch** (*Allium montanum*)
- **Kugellauch** (*Allium sphaerocephalon*)
- **Zitronenstrauch** (*Aloysia triphylla*)
- **Bergsteinkraut** (*Alyssum montanum*)
- **Katzenpfötchen** (*Antennaria dioica*)
- **Färberkamille** (*Anthemis tinctoria*)
- **Astlose Graslilie** (*Anthericum liliago*)
- **Ästige Graslilie** (*Anthericum ramosum*)
- **Grasnelke** (*Armeria maritima*)
- **Wermut** (*Artemisia absinthium*)
- **Färbermeister** (*Asperula tinctoria*)
- **Bergaster** (*Aster amellus*)
- **Goldhaaraster** (*Aster linosyris*)
- **Aufrechte Trespe** (*Bromus erectus*)
- **Echter Steinsame** (*Buglossoides officinalis*)
- **Ochsenauge** (*Buphthalmum salicifolium*)
- **Rapunzelglockenblume** (*Campanula rapunculus*)
- **Rundblättrige Glockenblume** (*Campanula rotundifolia*)
- **Nickende Distel** (*Carduus nutans*)
- **Silberdistel** (*Carlina acaulis*)
- **Golddistel** (*Carlina vulgaris*)
- **Färberdistel** (*Carthamus tinctorius*)
- **Skabiosenflockenblume** (*Centaurea scabiosa*)
- **Rispenflockenblume** (*Centaurea stoebe*)
- **Spornblume** (*Centranthus ruber*)
- **Straußblütige Margerite** (*Chrysanthemum corymbosum*)
- **Wegwarte** (*Cichorium intybus*)
- **Kronwicke** (*Coronilla varia*)
- **Sandnelke** (*Dianthus arenarius*)
- **Karthäusernelke** (*Dianthus carthusianorum*)
- **Heidenelke** (*Dianthus deltoides*)
- **Pfingstnelke** (*Dianthus gratianopolitanus*)
- **Diptam** (*Dictamnus albus*)
- **Hungerblümchen** (*Draba aizoides*)
- **Nordischer Drachenkopf** (*Dracocephalum ruyschiana*)
- **Blaue Kugeldistel** (*Echinops ritro*)
- **Wilde Kugeldistel** (*Echinops sphaerocephalum*)
- **Natternkopf** (*Echium vulgare*)
- **Rosmarin-Weidenröschen** (*Epilobium dodonaei*)
- **Edeldistel** (*Eryngium planum*)

- **Zypressenwolfsmilch** (*Euphorbia cyparissias*)
- **Blauschwingel** (*Festuca cinerea*)
- **Echtes Labkraut** (*Galium verum*)
- **Kreuzenzian** (*Gentiana cruciata*)
- **Gelber Enzian** (*Gentiana lutea*)
- **Blutstorchschnabel** (*Geranium sanguineum*)
- **Gemeine Kugelblume** (*Globularia punctata*)
- **Kriechendes Schleierkraut** (*Gypsophila repens*)
- **Apenninen-Sonnenröschen** (*Helianthemum apenninum*)
- **Gemeines Sonnenröschen** (*Helianthemum nummularium*)
- **Kleines Habichtskraut** (*Hieracium pilosella*)
- **Ysop** (*Hyssopus officinalis*)
- **Schwertblättriger Alant** (*Inula ensifolia*)
- **Rauer Alant** (*Inula hirta*)
- **Florentinische Bartiris** (*Iris germanica Florentina*)
- **Zwergschwertlilie** (*Iris pumila*)
- **Färberwaid** (*Isatis tinctoria*)
- **Bergsandglöckchen** (*Jasione montana*)
- **Wiesenwitwenblume** (*Knautia arvensis*)
- **Blaue Kammschmiele** (*Koeleria glauca*)
- **Blauer Lattich** (*Lactuca perennis*)
- **Lavendel** (*Lavandula officinalis*)
- **Wiesenmargerite** (*Leucanthemum vulgare*)
- **Wildes Leinkraut** (*Linaria vulgaris*)
- **Blauer Staudenlein** (*Linum perenne*)
- **Flachs** (*Linum usitatissimum*)
- **Echte Kamille** (*Matricaria recutica*)
- **Ackerwachtelweizen** (*Melampyrum arvense*)
- **Wimperperlgras** (*Melica ciliata*)
- **Echter Steinklee** (*Melilotus officinalis*)
- **Immenblatt** (*Melittis melissophyllum*)
- **Nachtkerze** (*Oenothera biennis*)
- **Großblütige Nachtkerze** (*Oenothera grandiflora*)
- **Esparsette** (*Onobrychis viciifolia*)
- **Griechischer Oregano** (*Origanum hirtum*)
- **Wilder Majoran** (*Origanum vulgare*)
- **Sandmohn** (*Papaver argemone*)
- **Brandkraut** (*Phlomis tuberosa*)
- **Posterphlox** (*Phlox subulata*)
- **Kleine Bibernelle** (*Pimpinella saxifraga*)
- **Silberfingerkraut** (*Potentilla argentea*)
- **Blutwurz** (*Potentilla erecta*)
- **Aurikel** (*Primula auricula*)
- **Laubreiche Primel** (*Primula frondosa*)
- **Echte Schlüsselblume** (*Primula veris*)

→

→
Frühlingsmischung für den Halbschatten aus Akelei und Kaukasus-Vergissmeinnicht.

- **Stängellose Schlüsselblume** (*Primula vulgaris*)
- **Große Braunelle** (*Prunella grandiflora*)
- **Küchenschelle** (*Pulsatilla vulgaris*)
- **Zottiger Klappertopf** (*Rhinanthus alecterolophus*)
- **Rosmarin** (*Rosmarinus officinalis*)
- **Weinraute** (*Ruta graveolens*)
- **Echter Salbei** (*Salvia officinalis*)
- **Wiesensalbei** (*Salvia pratensis*)
- **Muskatellersalbei** (*Salvia sclarea*)
- **Pimpinelle** (*Sanguisorba minor*)
- **Knöllchen-Steinbrech** (*Saxifraga granulata*)
- **Trauben-Steinbrech** (*Saxifraga paniculata*)
- **Taubenskabiose** (*Scabiosa columbaria*)
- **Gelbe Skabiose** (*Scabiosa ochroleuca*)
- **Scharfer Mauerpfeffer** (*Sedum acre*)
- **Tripmadam** (*Sedum rupestre*)
- **Milde Fetthenne** (*Sedum sexangulare*)
- **Kriechende Fetthenne** (*Sedum spurium*)
- **Purpurfetthenne** (*Sedum telephium*)
- **Spinnwebhauswurz** (*Sempervivum arachnoideum*)
- **Bergsesel** (*Seseli montanum*)
- **Blaugras** (*Sesleria varia*)
- **Griechischer Bergtee** (*Sideritis syriaca*)
- **Stängelloses Leimkraut** (*Silene acaulis*)
- **Nelkenleimkraut** (*Silene armeria*)
- **Nickendes Leimkraut** (*Silene nutans*)
- **Wolliger Ziest** (*Stachys lanata*)
- **Bergziest** (*Stachys recta*)
- **Edelgamander** (*Teucrium chamaedrys*)
- **Berggamander** (*Teucrium montanum*)
- **Zitronenthymian** (*Thymus citriodorus*)
- **Steppen-Thymian** (*Thymus pannonicus*)
- **Feldthymian** (*Thymus pulegioides*)
- **Echter Thymian** (*Thymus vulgaris*)
- **Hasenklee** (*Trifolium arvense*)
- **Mehlige Königskerze** (*Verbascum lychnites*)
- **Purpur-Königskerze** (*Verbascum phoeniceum*)
- **Eisenkraut** (*Verbena officinalis*)
- **Ähriger Ehrenpreis** (*Veronica spicata*)
- **Großer Ehrenpreis** (*Veronica teucrium*)

Pflanzen für halbschattige Plätze und Gehölzrand

→

- **Frauenmantel** (*Alchemilla-Arten*)
- **Akelei** (*Aquilegia vulgaris*)
- **Waldgeißbart** (*Aruncus dioicus*)
- **Glockenblumen** (*Campanula* in Arten)
- **Fingerhut** (*Digitalis* in Arten)
- **Walderdbeere** (*Fragaria vesca*)
- **Waldstorchschnabel** (*Geranium sylvaticum*)
- **Bachnelkenwurz** (*Geum rivale*)
- **Frühlingsplatterbse** (*Lathyrus vernus*)
- **Silberblatt** (*Lunaria annua*)
- **Wilde Malve** (*Malva sylvesteris*)
- **Sumpf-Vergissmeinnicht** (*Myosotis palustris*)
- **Liebeshainblume** (*Nemophila menzisii*)
- **Jakobsleiter** (*Polemonium caeruleum*)
- **Lungenkraut** (*Pulmonaria*)
- **Rote Nichtnelke** (*Silene dioica*)
- **Waldziest** (*Stachys sylvatica*)
- **Waldehrenpreis** (*Veronica officinalis*)

Auf Streuobstwiesen etabliert sich eine Flora aus Gräsern und Blütenpflanzen.

Vielfalt fördert Vielfalt

Monokulturen können zwar für das Auge bisweilen eindrucksvoll sein, weil die Farben besonders intensiv sind und die Formen zur Struktur werden. Doch sie haben ohne Unterstützung selten einen dauerhaften Bestand. Und wenn sich das Überraschungsmoment als Faszination erst einmal gelegt hat, entsteht auch schon mal Langeweile. Eine Ausnahme stellen der Obstbau und die Weinkultur dar, die sich aber im Laufe des Jahres sehr veränderlich zeigen und ja auch meistens auf einer Wiesenstruktur angelegt werden und diese nicht vollständig verdrängen.

Keinesfalls langweilig sind dagegen Mischungen von zahlreichen verschiedenen Pflanzen. Sie wirken aus der Ferne, locken an und wollen genauer betrachtet werden. Welche Pflanze ist für welche Farbe zuständig? Was gibt den silbrigen Glanz? Welches Gewächs schlängelt sich wie ein Bachlauf durch die Fläche? Diese Fragen will man direkt beantwortet bekommen, wenn man eine Blumenmischung sieht. Die anziehende Wirkung ist nicht nur für den Menschen gegeben, sondern natürlich auch für die Fauna. Grundsätzlich ist die geschlossene dichte Pflanzendecke ein geschützter Lebensraum. Hier können sich Kleinlebewesen zurückziehen, Nester bauen und Nahrung finden. Aber vor allem die Vielzahl an verschiedenen Blütentypen lockt auch verschiedene Insekten, Schmetterlinge und Nachtfalter an, weil jeder eine passende Nahrungspflanze findet. Und auch bei Spezialisierungen für die Eiablage auf bestimmte Pflanzen werden die Arten auf einer relativ geringen Fläche fündig. Gleichzeitig fallen aber einige Fraßschäden, die mit dem Auftreten der Tiere vielleicht einhergehen, nicht besonders auf. Vielleicht kommt mal eine Art nicht zur Blüte, die Lücke wird aber rasch von einer anderen Pflanze geschlossen. So ist es nicht verwunderlich, dass man meist gar nicht mitbekommt, wenn etwas fehlt.

Bei den fertig angeboten Mischungen gibt es vor allem drei verschiedene Schwerpunkte: Nektarpflanzen, um Insekten anzulocken, Pflanzen, die bei Schmetterlingen beliebt sind, und Pflanzen, die für Vögel interessant sind. Gerade dem zuletzt genannten Schwerpunkt kommt eine besondere Bedeutung zu: Wenn man sich allein das pflanzliche Nahrungsrepertoire des Stieglitzes ansieht, kommt man ins Staunen. Er ernährt sich von über 100 Wildkräutern, darunter sind Vogelmiere, Ampfer, Wegerich, Mädesüß, Sonnenblume, Beifuß, Knöterich und Hirtentäschelkraut. Außerdem hat diese Art, die auch Distelfink genannt wird, eine besondere Affinität zu Disteln, weshalb Ackerdistel, Gänsedistel, Kratzdistel und Karden auf seinen Speiseplan gehören. Nun bedeutet das Anlocken und Ansiedeln von Singvögeln aber nicht nur Schönheit und feinen Klang der Vogelstimmen, sondern es nützt dem Garten und dem gesunden Pflanzenwachstum. Gerade die Körnerfresser unter den Vögeln haben Phasen, wie die Brutzeit, in der sie sich vermehrt von Insekten ernähren. Das trifft sich dann wundervoll, wenn im Frühling die Läusepopulation explodiert oder die von Schildläusen geplagten Oleandersträucher ins Freie gestellt werden. Da stimmt der Gärtner glatt in das fröhliche Trällern mit ein, denn er ist ein paar Sorgen los – ganz biologisch, mit etwas Geduld und ohne einen Handgriff extra zu machen.

Pflanzen, die Insekten anlocken

→

- **Borretsch** (*Borago officinalis*)
- **Kornblume** (*Centaurea cyanus*)
- **Koriander** (*Coriandrum sativum*)
- **Kosmee** (*Cosmos bipinnatus*)
- **Gelbes Schmuckkörbchen** (*Cosmos sulphureus*)
- **Hundszunge** (*Cynoglossum amabile*)
- **Wilde Möhre** (*Daucus carota*)
- **Wegerichblättriger Natternkopf** (*Echium plantagineum*)
- **Echter Buchweizen** (*Fagopyrum escullentum*)
- **Gewöhnlicher Hornklee** (*Lotus corniculatus*)
- **Moschusmalve** (*Malva moschata*)
- **Gelber Steinklee** (*Melilotus officinalis*)
- **Esparsette** (*Onobrychis sativa*)
- **Bienenfreund** (*Phacelia tanacetifolia*)
- **Scharfer Hahnenfuß** (*Ranunculus acris*)
- **Kleiner Klappertopf** (*Rhinantus minor*)
- **Wiesensalbei** (*Salvia pratensis*)
- **Inkarnatklee** (*Trifolium incarnatum*)

↑
Im Herbst und Winter freuen sich die Singvögel über die Samenstände, die voller leckerer Körner stecken.

Pflanzen, die Singvögel anlocken

→

- **Dill** (*Anethum graveolens*)
- **Echter Kerbel** (*Anthriscus cerefolium*)
- **Kornblume** (*Centraurea cyanus*)
- **Kratzdistel** (*Cirsium vulgare*)
- **Koriander** (*Coriandrum sativum*)
- **Kosmee** (*Cosmos bipinnatus*)
- **Wilde Karde** (*Dipsacus fullonum*)
- **Duftwicke** (*Lathyrus odoratus*)
- **Roter Lein** (*Linum grandiflorum*)
- **Sonnenblume** (*Helianthus annuus*)

Die Vielfalt der Blütenfarben und -formen
fördert eine abwechslungsreiche Fauna.

Pflanzen, die Schmetterlinge anlocken

→

- **Schafgarbe** (*Achillea millefolium*)
- **Kornrade** (*Agrostemma githago*)
- **Große Knorpelmöhre** (*Ammi majus*)
- **Echter Kerbel** (*Antheriscus cerefolium*)
- **Echter Kümmel** (*Carum carvi*)
- **Kornblume** (*Centaurea cyanus*)
- **Große Duftflockenblume** (*Centaurea imperialis*)
- **Wiesen-Flockenblume** (*Centaurea jacea*)
- **Wiesen-Flockenblume** (*Centaurea jacea*)
- **Magerwiesen-Margerite** (*Chrysanthemum leucanthemum*, Syn. *Leucanthemum vulgare*)
- **Saatwucherblume** (*Chrysanthemum segetum*)
- **Kosmee** (*Cosmos bipinnatus*)
- **Wilde Möhre** (*Daucus carota*)
- **Johanniskraut** (*Hypericum perforatum*)
- **Weißspitzchen** (*Layia platyglossa*)
- **Duftwicke** (*Lathyrus odoratus*)
- **Roter Lein** (*Linum grandiflorum*)
- **Wilde Malve** (*Malva sylvestris*)
- **Echter Dost** (*Origanum vulgare*)
- **Sonnenhut** (*Rudbeckia hirta*)
- **Samt-Skabiose** (*Scabiosa atropurpurea*)
- **Thymian** (*Thymus vulgaris*)
- **Brennnessel** (*Urtica dioica*)

Neben diesen Pflanzen gibt es aber auch solche, die eine hohe Attraktivität für Nützlinge haben. Diese werden quasi vorbeugend gesät, um die Helfer anzulocken und eine Schädlingsinvasion von vornherein niedrig zu halten. Diese Pflanzen stärken eine natürliche, rein biologische Schädlingsbekämpfung und helfen in Wirtschaftskulturen, den Einsatz von Präparaten gegen Schädlinge gering zu halten. Zu diesen Pflanzen zählen Färberkamille (*Anthemis tinctoria*), Schafgarbe (*Achillea millefolium*), Kornblume (*Centaurea cyanus*), Magerwiesen-Margerite (*Chrysanthemum leucanthemum*, Syn. *Leucanthemum vulgare*), Saatwucherblume (*Chrysanthemum segetum*), Moschusmalve (*Malva moschata*), Kerbel (*Anthriscus cerefolium*) und Gelber Steinklee (*Melilotus officinalis*).

Von lästigen Feinden verschmäht

→

Schnecken und Kaninchen sind zwei Lästlinge, die schon so manchen Gärtner zur Verzweiflung gebracht haben. Die Schnecken fressen im Frühling alles ab, was zart und grün ist – also alle jungen Triebe und frische Saaten. Statt Schneckenkorn zu streuen und sich viel Mühe beim Absammeln zu machen, sollen schneckenresistente Mischungen problemlos zur Blüte kommen. In diesen Mischungen findet man **Balsaminen** *(Impatiens)*, **Duftsteinrich** *(Lobularia)*, **Goldmohn** *(Eschscholtzia)*, **Jungfer im Grünen** *(Nigella)*, **Kapuzinerkresse** *(Tropaeolum)*, **Papierblumen** *(Xeranthemum)* und **Schmuckkörbchen** *(Cosmos)*. Allerdings sollte man sich nicht täuschen: Im Jugendstadium sind sie begehrt wie alle zarten Pflänzchen. Man muss also mit Nadelstreu, Gesteinsmehl oder ähnlich spitzen bzw. abstoßenden Mitteln der aufkeimenden Saat den Rücken frei halten. Etwas anderes sind Ablenksaaten. Sie bestehen darin, besonders beliebte Pflanzen wie **Studentenblumen** *(Tagetes)* und **Salate** zu säen, um andere Kostbarkeiten zu schützen. Diese Ablenkung muss man dann wohl oder übel dran geben und natürlich auch immer wieder nachsäen. Dafür muss man seine Schnecken aber schon richtig gut kennen, wissen wo sie sich tagsüber verstecken, sicher sein, dass sich dieses Festessen nicht »rumspricht« und hoffen, dass sie bei der »An- und Abreise« zum Lieblingsfutter nicht doch mal mit dem Naschen anfangen.

Auch Kaninchen können eine Plage sein, wobei Samenhersteller mit Mischungen aus **Natternkopf** *(Echium)*, **Ringelblumen** *(Calendula)*, **Goldmohn** *(Eschscholtzia)*, **Jungfer im Grünen** *(Nigella)*, **Spinnenpflanze** *(Cleome)*, **Schnee-am-Berge** *(Euphorbia marginata)*, **Kapuzinerkresse** *(Tropaeolum)* **und Löwenmäulchen** *(Antirrhinum)* eine Mischung anbieten, die unangetastet bleiben sollte. Das wird funktionieren, solange das Angebot ansonsten groß ist. Anderenfalls kann es aber sein, dass der Hunger größer ist.

→
Kapuzinerkresse schmeckt scharf und pfeffrig, was viele Fraßfeinde abzuhalten scheint.

DER MIX
mit Sommer-blumen

Einjährige Blumenmischungen

Wenn man mit einjährigen Sommerblumen eine Blumenmischung anlegt, dann handelt es sich in der Regel um Direktsaaten. Das hat einen gewissen Instantcharakter. Doch gerne wird dieser mit dem Rundum-Sorglos-Paket verwechselt. Und das ist eine einjährige Blumenmischung nicht immer. Da kann zwar neben der Saat in der großen Streuflasche gleich ein bisschen gutes Substrat und auch Dünger enthalten sein, aber dennoch kann man diese Mischung nicht einfach irgendwo hinstreuen und wie im Trickfilm das blühende Wunder erwarten. Das A und O ist eine gute Bodenvorbereitung, damit sich die Pflanzen leicht etablieren.

Will man, dass alles gut miteinander harmoniert, dann muss man vor allem die Mengenangaben beachten. »Viel blüht viel« ist ein fataler Trugschluss. Eine zu dichte Saat hat die Folge, dass die Blütenpflanzen wie das Getreide im Feld nebeneinander nach oben wachsen und sich auch gegenseitig hoch schieben. Da entstehen keine Verzweigungen, und die Blütendichte lässt zu wünschen übrig. Alle Pflanzen sind dem Konkurrenzdruck unterlegen, so dass sie empfänglich sind für Krankheiten. Außerdem wird ein zu dichter Bewuchs schlecht durchlüftet mit der Folge, dass die Blätter schlecht abtrocknen und Pilzkrankheiten ein leichtes Spiel haben. Auf den Packungen steht immer, für welche Fläche die Menge ausreicht. Hat man eine kleinere Fläche, so wiegt man die Samen entsprechend ab. Mitunter kann es sein, dass man für einen Quadratmeter nur etwa ein bis fünf Gramm Samen benötigt. Die Schwankungsbreite beruht auf der Tatsache, dass die Samen natürlich unterschiedlich schwer sind. Schaut man sich mal die Menge an, dann ist es eigentlich verschwindend wenig, und schnell wird man merken, dass man kaum mehr als zehn bis fünfzehn Samen auf den Quadratmeter verteilt. Das ist aber auch schon sehr viel, wenn an sich diese Menge als Jungpflanzen vorstellt. Und damit kommt man schnell zur Erkenntnis, dass es wirklich nicht mehr sein sollte. Etwas höher ist der Saatgutbedarf lediglich bei schlechten Bedingungen, wie einem trockenen Boden und eingeschränkten Möglichkeiten zu gießen.

Relativ rasch entdeckt man nun, dass es nicht leicht ist, diese kleinen Mengen möglichst gleichmäßig auf einem Beet zu verteilen. Daher werden vielfach Saatgutmischungen mit einem Trägerstoff angeboten. Häufig ist dieser Trägerstoff Vermiculit. Dabei handelt es sich um

Schichtsilikat, das eine blättrige, schuppige Struktur hat. Dieses Tonmineral wird auch zur Bodenverbesserung und Aufwertung von Substraten verwendet, daher ist es nicht schädlich, wenn es im Boden verbleibt. Gleichzeitig hat es ein großes Volumen und ist nicht zu schwer. Man kann die Samen leicht mischen und sie leicht verteilen. Alternativ kann man die Samen mit Sand mischen, um sie auszubringen. Dieser sollte aber relativ trocken sein, damit er nicht klumpt. Beide Stoffe haben den Vorteil, dass sie sich in der Regel vom Gartenboden optisch abheben und man sieht, wo überall schon etwas von der Mischung gelandet ist.

Wer nun noch nie Samen mit dem großen Wurf aus dem Handgelenk gesät hat, probiert es einfach mal nur mit Sand oder Vermiculit. Man kann sich auch mit Streuhilfen, wie einem Streusalz-Behälter oder einem Düngerstreuer behelfen, wenn man nicht so richtig den Schwung herausbekommt. Beide sollten natürlich vor der Anwendung gründlich ausgespült und

anschließend getrocknet werden. Die Gründlichkeit ist ganz wichtig, denn nur wenn die Saat gleichmäßig aufgeht, entsteht ein ansprechendes Bild. Für Ungeübte gibt es daher auch Saatbänder oder -teppiche (siehe S. 123). Noch ein Tipp für das Gelingen sollte nicht verschwiegen werden: Man teilt sich die Samen samt Trägerstoff zum Verteilen auf und geht zweimal über die Fläche. Das hat den Vorteil, dass man die Samen in beiden Fällen tatsächlich sparsam ausbringt und Lücken erfasst werden können.

Stellt sich für manchen Hobbygärtner noch die Frage: Macht es Sinn, dass die Samen direkt mit Dünger ausgebracht werden? Im Prinzip ist das zunächst einmal nicht schlecht, weil garantiert ist, dass die Pflanzen gut versorgt werden. Allerdings sollte es ein organischer Dünger sein. Dieser muss zunächst einmal im Boden in eine für Pflanzen verfügbare Form umgewandelt werden. Man sät also aus, und es dauert ein bis zwei Wochen, bis sich die ersten Keimblätter zeigen. Noch brauchen diese Sämlinge nicht viele Nährstoffe. Sie sollten sich auch nicht zu schnell entwickeln, denn sonst wird das Gewebe weich und schwammig – eine Garantie für anfällige Pflanzen. Etwa vier bis sechs Wochen nach der Ausbringung ist der organische Dünger verfügbar und die Pflanzen sind so groß, dass sie Kraft brauchen. Meist ist dann auch das Wetter wärmer, was ein beschleunigender Faktor für das Wachstum ist. Jetzt spielen also alle Aspekte so zusammen, dass die Nährstoffe eine willkommene Ergänzung sind. Mit mineralischem Dünger sind Stickstoff, Kalium und Phosphor vom ersten Tag an verfügbar. Bei Regen werden sie aber aus dem Boden herausgewaschen, mit der Folge, dass sie das Grundwasser belasten. Nur ein mineralischer Langzeitdünger hat auch nach sechs Wochen tatsächlich noch Nährstoffe den Pflanzen anzubieten, wobei der Verlust der ersten Wochen bleibt – und eigentlich überflüssig ist.

←
Eine knappe Hand voll Samen reicht gleich für mehrere Quadratmeter Saatfläche aus.

Ringelblumen, Schmuckkörbchen, Winden und Mädchenauge sind die Klassiker der einjährigen Blumenmischungen.

→
Nicht nur farblich ein perfektes Duo: blauer Borretsch und orangegelbe Ringelblume.

Wohlklingende Namen garantieren Abwechslung

Die einjährigen Blumenmischungen gibt es in großer Vielfalt. Zum einen ist das Thema die Farbe. In der Mischung finden sich dann je nach Ton die passenden Einjährigen, so dass die Fläche Ton-in-Ton erstrahlt. So kann man beispielsweise die Wirkung von Farben austesten oder einfach nur für Veränderung von Jahr zu Jahr sorgen. Etwas anderes sind Mischungen, die die Charakteristik der Pflanzen berücksichtigen. Da sind dann beispielsweise Bauerngartenblumen, gerne auch Landblumen genannt, vertreten. Im Angebot entdeckt man aber auch Wohlfühlblumen, die mit Duft daherkommen, oder eine Sommerabend-Mischung. Sie eignet sich für Sitzplätze, hat viele helle Blüten, und auch duftende Arten sind vertreten. Niedrige Sommerblumen werden für Einfassungen angeboten. Diese Saatgutmischungen werden ähnlich wie die Schneckenbarriere (siehe S. 50) als Saatband angeboten. Dabei sollte man einen Fehler vermeiden: Der Abstand zwischen Saatband und dem Weg oder der Rasenkante sollte ausreichend groß gewählt werden. Denn die Pflanzen bilden Büsche, die sonst immer wieder störend in den benachbarten Gartenbereich hängen. Lässt man gut 20 cm Abstand, kann sich die Pflanzenpracht perfekt entfalten und es gibt keine Probleme.

Die Verwendung spielt bei Mischungen mit Schnitt- und Trockenblumen oder essbaren Blüten eine Rolle. All diese Unterteilungen sind ein bisschen vage, denn nur selten steht wirklich auf der Packung, welche Arten tatsächlich enthalten sind. Wer würde denn nicht auch bei der Bauerngarten-Mischung wunderbare Schnittblumen finden? Diese Auswahl ist ein Versuch, den Geschmack oder das Bedürfnis des Kunden zu treffen, aber man sollte nicht enttäuscht sein, wenn man sich etwas ganz anderes vorgestellt hat. So eine Themenmischung ist und bleibt eine Wundertüte. Also heißt die Devise, nicht erwarten, sondern offen sein und sich überraschen lassen. Oder die Mischung selber zusammenstellen. Dann weiß man garantiert, was im Sommer blüht.

Eine weitere Gruppe kann als lokale Mischung zusammengefasst werden. Sie heißen »Mössinger Sommer« und »Blumenwiese Werratal«. Es sind Mischungen, die in diesen Regionen erfolgreich erprobt wurden und vor Ort angewendet werden. Es ist quasi als blumiges Souvenir zu verstehen, aber man muss auch ganz klar wissen, dass lokale Unterschiede im Klima das Endergebnis variieren lassen.

Die 20 häufigsten in Blumenmischungen vertretenen Arten

Amaranth (*Amaranthus caudatus*) wird häufig auch als Fuchsschwanz bezeichnet, weil die Blütenstände daran erinnern. Es gibt zahlreiche verschiedene Formen mit aufrechten und überhängenden Blütenständen auf der einen Seite, in roter oder grüner Farbe auf der anderen Seite. Der Amaranth stellt vor allem in der zweiten Sommerhälfte seine ganze Pracht zur Schau, wenn die Blüten ausgewachsen sind.

Borretsch (*Borrago officinalis*) zählt zu den klassischen Gartenkräutern der heimischen Küche, wird aber eigentlich nur noch selten verwendet. Viel mehr Bedeutung haben heute die blauen Blüten, die man auch verzehren kann. Der Borretsch wächst schnell aus Samen heran und kommt schon im Jugendstadium zur Blüte. Er erreicht eine Höhe von bis zu 1 m. Sein Wurzelwerk ist fein verzweigt und lockert daher verdichtete Böden.

Ringelblumen *(Calendula officinalis)* beginnen mit der Knospenbildung, kaum dass die ersten Blattpaare entwickelt sind. Die runden Blüten sind gelb oder orange und haben eine enorme Strahlkraft. Am besten gedeihen Ringelblumen auf frischen, nährstoffreichen Böden. Nach der Blüte entstehen die Samenstände, die man in der ersten Sommerhälfte ruhig ausknipst. Später lässt man sie stehen, um den Samen für das folgende Jahr zu ernten.

Kornblumen *(Centaurea cyanus)* sind klassisch blau, und zwar stahlblau wie nur wenige Gartenblumen. Doch mittlerweile gibt es sie in Hellrosa, Rot, Dunkelrot, Hellblau und Weiß. So erobern sie auch Ton-in-Ton-Mischungen, in denen Rosa und Rot den Ton angeben. Wichtig ist, dass die Pflanzen, die bis zu einem Meter hoch werden, einen nicht zu schweren Boden bekommen. Ansonsten sind sie wie am Feldrand ganz anspruchslos und blühen zuverlässig.

↓
Der Farbeindruck einer Blumenmischung variiert im Laufe der Sommerwochen.

Mandelröschen *(Clarkia elegans)* stammen aus Nordamerika. Sie gehören zu den Nachtkerzengewächsen, was man den Blüten ansieht. Allerdings blüht sie in hellen bis kräftigen, bisweilen auch bläulichen Rosatönen. Der Boden sollte durchlässig und nicht zu nährstoffreich sein, weil die bis zu 1 m hoch werdenden Sommerblumen sonst ein üppiges Blattwerk entwickeln, aber nur wenige Blüten.

Wucherblume (*Chrysanthemum* in Arten) bringen die Margeritenblüte ganz klassisch in die Mischung. Aber die einjährigen Arten spielen mit Farben in der Blüte. Die Bunte Sommermargerite (*Chrysanthemum carinatum*) trägt dreifarbige Blütenblätter, meist in Gelb, Rotbraun und Weiß. Die Speisemargerite (*Chrysanthemum coronarium* var. *discolor*) hat gelb weiß gefärbte Blüten, die man tatsächlich auch verzehren kann. Sie braucht eine hohe Keimtemperatur und sollte daher unbedingt auf der Fensterbank vorgezogen werden.

Sommerrittersporn *(Consolida ajacis)* erinnert nicht direkt an den Staudenrittersporn, denn er bleibt mit 60 cm deutlich niedriger und ist auch vom Aufbau sehr viel lockerer. Es gibt ihn in Weiß, Blau und Rosa. Pro Pflanze entsteht eine Blütenrispe, und wenn diese abgeblüht ist, dann ist das Schauspiel tatsächlich auch beendet. Wer diese Pflanze liebt, der sollte eventuell zwei Wochen nach der Aussaat den Rittersporn nochmals nachsäen. Dann entwickelt sich parallel zur ersten Blüte ein zweiter Satz, der für die erwünschte Verlängerung sorgt.

Mädchenaugen *(Coreopsis tinctoria)* werden bis zu 80 cm hoch und haben Blüten mit gelben Strahlenblüten, die von einem mehr oder weniger breiten braunroten Innenring geziert werden. Die Pflanzen sind beliebte Schnittblumen und können bei einer frisch angelegten Prärie (s. Seite 92f.) sehr gut die Lücken füllen, bis sich die Bepflanzung vollständig geschlossen hat.

Schmuckkörbchen (*Cosmos* in Arten) gibt es einmal in verschiedenen Rosatönen und Weiß – das ist die Kosmee (*C. bipinnatus*) – und in Orange, dann handelt es sich um das Orangefarbene Schmuckkörbchen (*C. sulphureus*). Beide sind in Mischungen häufig enthalten und blühen bis zum ersten Frost unaufhörlich. Vor allem sind es hervorragende Füllpflanzen, die Lücken, die im Frühsommer entstanden sind, mit Leichtigkeit überwachsen.

Kalifornischer Mohn *(Eschscholzia californica)* blüht in einem leuchtenden Orange. Die silbrig belaubten Triebe legen sich meist auf den Boden und füllen so größere Flächen aus. Die Blütenfreude hält nur an, wenn man nach der Blüte die Samenschoten abknipst. Die Pflanze verträgt Trockenheit und braucht unbedingt viel Wärme.

Von Himbeerrosa über Hellrosa bis Weiß
reicht das Farbspektrum der Kosmeen.

Schleifenblumen (*Iberis umbellata*) zählt zu den niedrigen Sommerblumen. Die Blume darf daher in den Mischungen für Einfassungen nicht fehlen, aber auch bei höheren Mischungen sorgt sie für eine ausgeglichene Entfaltung und gute Durchlüftung der höheren Stauden.
Die Pflanzen werden bis zu 30 cm hoch und tragen an den Enden der reich verzweigten Triebe dichte Blütenstände, die aus der Mitte heraus immer wieder neue Blüten öffnen. Ideal für trockene Böden in Sonne oder Halbschatten.

Bechermalven (*Lavatera trimestris*) bevorzugen sonnige, trockene Plätze auf durchlässigen Böden, die nicht zu nährstoffreich sind. Die Blumen sind typisch für Bauerngärten, weil sie sich sehr gut auch als Schnittblumen eignen. Die großen Kelche sitzen dicht am Stiel, und man sollte Stängel schneiden, solange die Blüten noch fast geschlossen sind, damit sie lange halten.

Leinkraut (*Linaria maroccana*) lockert mit den aufrechten Blütenkerzen und den Blüten, die an Mini-Löwenmäulchen erinnern, eine Blumenmischung auf. Lilarot, Weiß, Gelb und Violett ist das Spektrum, das die bei Insekten beliebten Nektarpflanzen aufweisen. Die Blütenzeit der Lichtkeimer reicht von Juni bis September.

Prachtlein (*Linum grandiflorum*) leuchtet mit großen Blütenschalen in Himbeerrosa. In einer bunten Mischung ist er mit dieser Farbe so etwas wie das Salz in der Suppe. Die großen Blüten sitzen in Rispen an den locker buschigen Trieben, die bis zu 45 cm hoch werden.

Levkojen (*Matthiola incana*) dürfen in Duftmischungen nicht fehlen. Sie sind typisch für den Bauerngarten. Die Höhe variiert bei den verschiedenen Typen zwischen 25 und 60 cm. Jede Pflanze bildet einen kräftigen Haupttrieb mit wenigen Verzweigungen. Am Ende sitzt die Rispe mit den häufig gefüllten Blüten. Deren Farbenspektrum reicht von Weiß über Creme und Rosé bis Violett und Purpur.

Jungfer im Grünen (*Nigella damascena*) hat nadelartiges Blattwerk und zartblaue Blüten. Aus diesen entwickeln sich dann ballonartige Samenkapseln, die für eine Verlängerung der dekorativen Wirkung sorgen. Meist ist das Schauspiel in der ersten Sommerhälfte bereits beendet. Die Samenkapseln eignen sich auch für die Trockenbinderei.

→
Gelber Sonnenhut leuchtet bis spät in den Herbst zwischen den Gräsern.

Rauer Sonnenhut (*Rudbeckia hirta*) entwickelt sich bei der sommerlichen Wärme rasch und wird zum Highlight der zweiten Sommerhälfte. Die klassische Variante hat goldgelbe Blüten mit einer braunen Mitte, aber es gibt auch Sorten, der Blüten rostbraun gefärbt sind. Gut auch als Schnittblume zu verwenden.

Gewöhnliche Studentenblumen (*Tagetes patula*) sind sehr vielgestaltig und kommen in einer großen Vielfalt vor. Der deutsche Name stapelt da quasi etwas tief, denn gewöhnlich sind die Farbkonstellationen von Gelb, Orange und Braunrot in keiner Weise. Diese Art bringt im Vergleich zu der großblumigen *T. erecta* etwas kleinere Blüten hervor, die sich in einer Mischung besser einfügen. Studentenblumen brauchen im Frühling Wärme, um sich zu entfalten. Daher macht es unter Umständen Sinn, die Pflanzen in Vorkultur auf dem Fensterbrett anzuziehen, damit sie einen guten Start haben.

↓
Locker mischen sich die Blütenbälle der Studentenblumen mit blauen Lobelien.

↑
Die Kapuzinerkresse wächst flach über den Boden in die Breite und trägt Blüten, die man essen kann.

Kapuzinerkresse (*Tropaeolum majus*) wächst flach über den Boden und klettert dort, wo sie Halt findet, auch in die Höhe. Wichtig ist, dass die Pflanzen nicht zuviel Stickstoff bekommen, weil sie sonst viele Blätter und wenige Blüten bilden. Klassisch ist die orangefarbene Form, aber es gibt auch dunkelrot blühende oder Sorten mit zartem Lachston. Zum Teil bringen die Blätter mit weiß-grüner Marmorierung und rotgrünem Laub zusätzlich Schmuck in die Mischung.

Zinnie (*Zinnia*-Hybriden) sind klassische Bauerngartenpflanzen und ganz zuverlässige Dauerblüher in den Sommermonaten. Die Farben variieren von Weiß über Gelb und Orange bis zu Rosa und Rot. Mit der Wärme des Sommers nimmt die Blühfreude zu, was aber bedeutet, dass die Pflanzen einen guten Gartenboden benötigen.

Zinnien und Löwenmäulchen bekommen Begleitung von Gladiolen und Dahlien.

Die Grundlagen schaffen

Das A und O liegt in der Bodenbearbeitung, bevor die Blumenmischung ausgebracht wird. Um diese Arbeit wird man nicht herumkommen, denn die Sämlinge benötigen wirklich eine feinkrümelige Struktur, um sich möglichst gut entwickeln zu können. Die feinen Wurzeln müssen leicht in die Tiefe wachsen können und dürfen keine Schwierigkeiten haben, weil der Boden verdichtet, schlecht durchlüftet oder vernässt ist. Daher nimmt man sich für dieses Thema ausreichend Zeit. Sollte der Boden durch Bauarbeiten mit schweren Maschinen stark verdichtet sein, bringt man zunächst eine Gründüngung (siehe S. 27) aus, damit sich die Strukturen und das Bodenleben wieder erholen. Auch Böden, die längere Zeit nicht bewirtschaftet wurden, sollten mit einer Gründüngung gelockert werden. Wenn ein Gartenboden hergerichtet wird, bearbeitet man ihn zuerst systematisch – also Reihe für Reihe – mit der Grabegabel. Dabei muss der Boden nicht gewendet werden. Die Zinken werden in den Boden gestochen und die Gabel wippend hin und her bewegt. Anschließend hebt man das Erdreich leicht an und lässt es wieder zurückrutschen bzw. zieht die Gabel heraus. Diese Methode hat sich bei schweren, lehmigen Böden bewährt. Außerdem wird gleichzeitig noch Unkraut entfernt – und zwar mit der Wurzel. Das ist vor allem wichtig bei Wurzelunkräutern wie Winden, Quecken und Giersch. Diese Konkurrenz sollte man wirklich gründlich heraussammeln, damit die Sommerblumen die Bühne für sich alleine haben. Bei locker humosen Böden kann man den Sauzahn, ein Gerät mit einem kräftigen Zinken, verwenden. In beiden Fällen geht man anschließend mit der Hacke oder dem Dreizahn über die Fläche und lockert gröbere Stücke der Scholle. Man kann bei diesem Arbeitsschritt auch gleich noch Sand zum Lockern schwerer Böden und reife Komposterde einarbeiten. Diese hilft auch, sandiges Erdreich zu verbessern, weil die Humusfasern eine gute Wasserhaltefähigkeit fördern und die Fruchtbarkeit des Bodens erhöhen. Außerdem wird das Bodenleben aktiviert. Wer wirklich große Flächen einsät, lockert nach dem Entfernen des Unkrauts den Boden mit einer Fräse.

Im letzten Schritt wird die Fläche mit einem Rechen kleinkrümelig glatt gerecht, so dass eine möglichst ebene und gleichmäßige Oberfläche vorliegt. Auf diese darf man jetzt nicht mehr treten. Wenn das zur Aussaat erforderlich ist, legt man sich Bretter aus, die die Belastung gleichmäßig verteilen. Ideal für diese

Arbeiten sind die Wochen im Frühling, wenn der Boden beginnt, abzutrocknen und sich zu erwärmen. Für die Aussaat eignet sich ein regenfreier Tag, aber es hat Vorteile, wenn sich eine Regenphase anschließt, weil dann die Bewässerung keine weitere Mühe macht. Sind die Samen auf die auf Seite 53f. beschriebene Art und Weise ausgebracht, streut man dünn etwas Erde darüber, und sie sollten angedrückt werden. Auf kleinen Flächen reicht eine Harke, die man flach und behutsam auf die Fläche drückt. Bei größeren Beeten nimmt man eine Walze. Diese bekommt man ebenso wie die Fräse im Baumaschinenverleih. Durch das Walzen erhalten die Samen Bodenhaftung, können schneller Wasser aus dem Boden aufnehmen und quellen, so dass die Keimung beginnt.

Wenn kein Regen angesagt ist, muss man die Fläche mit einem sprühenden Wasserstrahl anfeuchten. Die offene Fläche trocknet oberflächig schnell ab. Da die zarten Wurzeln in dieser Zone zunächst wachsen, muss man im Anfang häufiger an das Gießen denken. Dabei ist es empfehlenswert, morgens zu gießen, damit die Pflanzen rasch abtrocknen. Ein weiterer Vorteil besteht darin, dass die Schnecken sich auf einem feuchten Boden nachts nur allzu gern tummeln und wenn dann noch so schöne zarte Pflänzchen den Speiseplan bereichern ...

Die frisch gesäten Flächen, auch wenn sie nur klein sind, haben bei den Vögeln eine große Attraktivität, denn die Samen sind willkommene Nahrung. Also muss man hier kurzfristig die Vögel ablenken und die Futterstellen nochmals gut ausstatten. Alternativ kann man zur Abwehr auch flatternde Alustreifen an Stäben in das Beet stecken oder die Fläche mit etwas Vlies abdecken. So wird gleichzeitig die Bodenwärme leicht erhöht, was sich förderlich auf die Keimung auswirkt.

Die Temperatur ist auch ein Grund, warum man mit der Aussaat nicht zu früh beginnen sollte. Zwar vertragen einige der sommerlichen Dauerblüher ohne Probleme eine kurze Frostperiode, aber insgesamt ist es besser, wenn die Saat gleichmäßig aufläuft, also keimt, und dann auch zügig weiterwächst. Kommt das Wachstum ins Stocken, können sich wieder rasch ein paar Wildkräuter, denen die niedrige Temperatur sicher nichts ausmacht, dazwischen mischen. Man wartet also am besten bis Ende April oder Anfang Mai, um den Boden vorzubereiten und die Blumenmischung zu säen. Nach hinten kann man auch noch bis in den Juni Samen ausbringen. Zwar muss man dann die Bodenfeuchtigkeit etwas besser im Auge behalten, aber durch die hohen Temperaturen wachsen die Sämlinge viel schneller und holen den Rückstand schnell auf.

→
Im Vergleich mit statischen Einzelpflanzen wirkt die Blumenmischung leicht und fröhlich.

Natürlich wird man auch bei der Auswahl der Arten auf schnellwachsende Ringelblumen (*Calendula officinalis*), Kapuzinerkresse (*Tropaeolum majus*), Schleifenblumen (*Iberis amara*), Studentenblumen (*Tagetes*) und Jungfer im Grünen (*Nigella damascena*) setzen. Es gibt auch hier fertige Mischungen, die noch in »letzter Minute« gesät werden können.

Der Jahreszyklus in der Sommerblumenmischung

Die Zusammenstellung der Arten in einer Sommerblumenmischung beruht zum einen auf dem Thema, das wie eine Klammer über allem steht. Sie sollte aber auch so aufgebaut sein, dass sich die Bepflanzung entwickelt. Zunächst müssen einige Arten vertreten sein, die wirklich rasch anfangen zu blühen. Dazu zählen Klatschmohn (*Papaver rhoeas*), Kornblume (*Centaurea cyanus*), Ringelblume (*Calendula officinalis*) und Jungfer im Grünen (*Nigella damascena*). Während sie zum Teil in die Samenbildung übergehen, öffnen sich bei den Dauerblühern die ersten Blüten. Schmuckkörbchen (*Cosmos*), Wucherblumen (*Chrysanthemum*), Leinkraut (*Linaria maroccana*) und Mädchenauge (*Coreopsis*) übernehmen mit Schleifenblumen (*Iberis amara*), Kalifornischem Mohn (*Eschscholzia californica*) und Duftsteinrich (*Lobularia maritima*) die Führung. Es ist jetzt aber wichtig, dass auch für den Spätsommer und Herbstanfang noch etwas in der Mischung ist, das für ein Highlight sorgt. Besonders gut kommt jetzt beispielsweise Fuchsschwanz (*Amaranth*) zur Geltung, aber auch die dunklen Knöpfe von Rauem Sonnenhut (*Rudbeckia hirta*) und Präriesonnenhut (*Ratibida columnifera*), die nach dem Abblühen stehen bleiben, sorgen für neue Formen und Farben in der Mischung. Elegant schweben die Blütenschirme des Dills (*Anethum graveolens*) über der Pflanzung. Mit dem ersten Frost sterben auch einige Arten, die besonders empfindlich sind, ab. Einige andere werden Blüten in bunten Farben präsentieren, bis der Schnee die Pflanzen niederdrückt.

... und im zweiten Jahr

Wer sich vorstellt, dass man eine Blumenmischung einfach im Herbst stehen lässt, damit sie sich aussät, und dann im Frühling nur die trockenen Pflanzenreste zum Kompostieren entfernt, der irrt. Wenn es sich nicht um eine zu etablierende Wiese handelt, sondern einfach nur um ein Handelsprodukt mit Sommerblumen, muss man im zweiten Jahr wieder ganz von vorne anfangen. Dazu gehört es, dass man den Boden vorbereitet, Humus einarbeitet, die Krume glatt recht und dann frische Samen ausbringt. Es mag zwar sein, dass sich das eine oder andere Pflänzchen tatsächlich selber aussät, eine bunte Mischung erfordert aber frische Saat. Natürlich kann man anfangen, Samen selber zu sammeln (s. Seite 129) und diese miteinander zu mischen, aber auf eine frische Aussaat im neuen Jahr kann man nicht verzichten. Überlässt man die Fläche sich selbst, entwickeln sich einige Pflanzen dominant und andere gar nicht. Das führt dazu, dass die Fläche lückig begrünt, sich Unkräuter dazwischen ansiedeln und die eigentliche Ästhetik der von der Form und von den Farben aufeinander abgestimmten Mischung verloren geht.

Mischungen mit Zweijahresblumen

Es gibt einige Mischungen, bei denen die einjährigen Sommerblumen bewusst mit zweijährigen gemischt werden, um die Standzeit der Mischung zu verlängern. Hierbei ist die Blütendichte im ersten Jahr etwas geringer, aber es bildet sich bereits ein dichter grüner Teppich, der im zweiten Jahr den Blütenreigen übernimmt. Sicher wird die eine oder andere Pflanze aus dem ersten Jahr nochmals erscheinen, weil sie sich ausgesät hat. Solche Arten sind beispielsweise Mohn (*Papaver*), Jungfer im Grünen (*Nigella damascena*) und Ringelblume (*Calendula officinalis*). Es werden aber vor allem die zweijährigen blühen. Mit dem Beginn des neuen Gartenjahres wird das Wachstum einsetzen. Goldlack (*Cheiranthus cheiri*) steht mit seinen Blüten dann rasch in den Startlöchern und sorgt für erste Farbtupfer. Auch die Bartnelken (*Dianthus barbatus*) und Nachtviolen (*Hesperis matronalis*) werden sich zeitig in verschiedenen Pink-, Rosa- und Rottönen zeigen. Später strecken sich die Rosetten von Stockrosen (*Althea rosea*), höheren Arten der Glockenblumen (*Campanula*-Arten) und Wilde Möhre (*Daucus carota*) in die Höhe, um am Stängel die Knospen zu bilden. Sie werden nahtlos abgelöst durch Färberkamille (*Anthemis tinctoria*) und Wiesenflockenblume (*Centaurea jacea*), zusammen mit anderen Zweijährigen. Dazwischen wird man sicherlich auch noch das eine oder andere Löwenmaul (*Antirrhinum majus*), Borretsch (*Borago officinalis*) und einjährigen Rittersporn (*Consolida ajacis*) wiederentdecken.

Will man diese Mischung nicht komplett abräumen und von vorne anfangen, so lässt man die Zweijährigen versamen und sät im Frühjahr noch einige der Einjährigen in die Lücken, um quasi die Mischung aufzufrischen. So kann man die Bepflanzung halten. Nicht vergessen sollte man, den Boden im Frühling mit frischer Komposterde zu versorgen und so für eine lockere Struktur zu sorgen.

←
Doldenblütler wirken durch ihre schirmförmigen Blütenstände eindrucksvoll.

Zweijährige Sommerblumen

→

- **Stockrose** (*Althea rosea*)
- **Färberkamille** (*Anthemis tinctoria*)
- **Knäuelglockenblume** (*Campanula glomerata*)
- **Marienglockenblume** (*Campanula medium*)
- **Pfirsichblättrige Glockenblume** (*Campanula persicifolia*)
- **Nesselblättrige Glockenblume** (*Campanula trachelium*)
- **Wiesenflockenblume** (*Centaurea jacea*)
- **Goldlack** (*Cheiranthus allionii*)

- **Saatwucherblume** (*Chrysanthemum segetum*)
- **Wilde Möhre** (*Daucus carota*)
- **Bartnelke** (*Dianthus barbatus*)
- **Fenchel** (*Foeniculum vulgare*)
- **Echtes Labkraut** (*Galium verum*)
- **Gemeine Nachtviole** (*Hesperis matronalis*)
- **Echtes Johanniskraut** (*Hypericum perforatum*)
- **Wiesenknautie** (*Knautia arvensis*)
- **Wiesenwucherblume** (*Leucanthemum vulgare*)

- **Staudenlein** (*Linum austriacum*)
- **Nachtkerze** (*Oenothera biennis*)
- **Esparsette** (*Onobrychis arenaria*)
- **Wiesensalbei** (*Salvia pratensis*)
- **Weiße Lichtnelke** (*Silene latifolia*)
- **Rote Lichtnelke** (*Silene dioica*)
- **Kuckuckslichtnelke** (*Silen flos-cuculi*)
- **Purpurrote Königskerze** (*Verbascum phoeniceum*)

→
Wiesensalbei und Margeriten eignen sich für größere Flächen.

Blumiges in einer halbschattigen Lichtung

Wer an unkomplizierten Sonnenplätzen das Prinzip der Blumenmischung erfolgreich erprobt hat, wird sich rasch dafür begeistern können, dieses auch im Halbschatten zu etablieren. Gerade im lichten Schatten großer Bäume erscheint ein frühsommerliches Blütentreiben romantisch. Sind die vorhandenen Flächen groß genug, bietet es sich an, hier Mischungen aus höheren Sommerblumen, die es durchaus auch schattig mögen, anzusiedeln. Dabei muss man beachten, dass es sich bei diesen Pflanzen meist um zweijährige Arten handelt, die man also etwa im Hochsommer aussät, damit sie noch eine einjährige Rosette bilden, die sich dann im folgenden Jahr in die Höhe reckt. Ideal sind Mischungen mit Nachtviolen (*Hesperis matronalis*), Ausdauerndem Silberblatt (*Lunaria rediviva*), Rotem Fingerhut (*Digitalis purpurea*) und Waldvergissmeinnicht (*Myosotis sylvatica*). Dazu passen auch noch Akeleien (*Aquilegia vulgaris*) und Frühlingsplatterbsen (*Lathyrus vernus*). Als Einjährige kann der gelbe Scheinmohn (*Meconopsis cambrica*) dazu gesät werden. Als Mehrjährige, die sich durch Aussaat auch selber ausbreiten, ergänzen Hohler Lerchensporn (*Corydalis cava*) und Lungenkraut (*Pulmonaria angustifolia*) das Bild. Sie sorgen dafür, dass vor allem in den zeitigen Frühlingswochen schon Blüten den Schatten mit Farbe schmücken.

Die Vorbilder für eine solche Pflanzung kann man übrigens im Wald beobachten. Dort, wo im Winter Flächen gerodet und das Holz der betagten Bäume geerntet wurde, macht sich dann innerhalb kurzer Zeit eine attraktive Wildblumenflora breit. Meist sogar ganz ohne Zutun.

Eine solche Mischung wird sich auch dauerhaft etablieren, wenn man die Fläche im Herbst mit Komposterde versorgt. Die obere Schicht bleibt auf diese Art und Weise locker und nährstoffreich, so dass die Pflanzen gut versorgt sind. Unter Umständen muss man einige Bereiche mal etwas ausdünnen, wo die Saat zu dicht geworden ist. Die überschüssigen Pflanzen können gut verwendet werden, um die Fläche auszudehnen oder die Idee weiterzutragen. Diese begrünte, krautige Struktur hat nicht nur den Vorteil, dass die Fläche hübsch aussieht, sondern auch eine gesunde, lockere Bodenstruktur zur Folge.

←
Fingerhut setzt ab Mai kraftvolle Akzente im Halbschatten.

Im Zusammenspiel MIT STAUDEN

Mehrjährige Blumenmischungen

Neben den einjährigen Sommerblumen kann man natürlich auch eine mehrjährige Blumenmischung anlegen. Der Trend ist ganz deutlich zu spüren. Öffentliche Plätze, Kreisverkehre, Beete vor Verwaltungsgebäuden und ähnliche Flächen werden mit mehrjährigen Blumenmischungen bepflanzt. Der Bedarf ist groß, und auf dieser Ebene wurde und wird in Deutschland und in der Schweiz intensiv geforscht. Dabei heißt forschen nicht nur über Jahre beobachten, wie sich eine bestimmte Staudenmischung entwickelt, sondern sie auch zu optimieren und darüber hinaus auch Zahlen zu Aufwand und Pflege detailliert zusammenzutragen. So kann nicht nur die Schönheit, sondern auch die Wirtschaftlichkeit beurteilt werden. Das ist vor allem für Wirtschaftsbetriebe und die öffentliche Hand ein ganz entscheidender Faktor, um eine Entscheidung für oder gegen eine Investition zu treffen. Um einmal eine Zahl in dieser Hinsicht zu nennen: 5 bis 10 Minuten Arbeit pro Quadratmeter und Jahr werden bei diesen Testpflanzungen angesetzt. Dies sind geringe Werte, überlegt man einmal, dass man für das Mähen eines Zierrasens damit gerade einmal so auskommt – es sei denn man verfügt über einen Rasenmäherroboter. In dieser Hinsicht haben diese erprobten Mischungen ebenso wie eigene Kreationen durchaus auch für den Hausgarten einen großen Reiz: eine Fläche, die sich im Laufe der Jahreszeiten wandlungsfähig zeigt, die vom Frühling bis in den Winter attraktiv aussieht, die in der Hauptsaison mit Blüten nicht geizt, die sich über viele Jahre als stabil erweist und die dabei wenig Arbeit macht. Der Grund dafür, dass mehrjährige Blumenmischungen gut funktionieren, liegt in der Basis: Die Natur ist das Vorbild, und an diesem orientieren sich die zahlreichen Mischungen, die Namen wie »Sommerwind«, »Blütenwoge«, »Präriemorgen«, »Blütenmosaik« und »Farbensaum« tragen. Es kommt in diesen Konzepten nicht auf das Überleben von Einzelpflanzen an, sondern vielmehr um die Wirkung der Pflanzung als Einheit.

Indianernessel

Gepflanzte Vielfalt der eingespielten Teams

Natürlich gibt es Staudenmischungen aus der Samentüte – genauso wie bei den einjährigen Mischungen. Diese können sich gut zu einer Blumenmischung entwickeln, haben aber meist keinen besonders hohen ästhetischen Anspruch, sondern setzen einzig auf die blumige Note. Eine gewisse Schwierigkeit besteht darin, dass die Entwicklung einer langlebigen Staude vom Sämling zur ausgewachsenen, blühenden Pflanzen durchaus lange dauert. Man muss Geduld mitbringen, und man muss in den ersten zwei Jahren wirklich viel Einsatz aufbringen, damit die Stauden nicht von Wildkräutern, die sich selber ansiedeln, überwachsen werden. Eine mehrjährige Mischung in der Samentüte ist daher wirklich keine ernsthafte Empfehlung.

Etwas anderes ist es mit den gepflanzten Mischungen. Hier werden die Pflanzen im Jugendstadium in einen perfekt vorbereiteten Boden gesetzt, und sie werden nun direkt einwachsen und sich entfalten. Es mag zwar sein, dass auch hier anfänglich noch größere Lücken sind, aber die erprobten Konzepte haben hier Vorsorge getroffen, wie sich später zeigen wird.

Die Grundlage dieser Staudenmischungen sind gleiche Standortbedingungen und häufig auch eine natürliche Gemeinschaft als Vorbild. Die Höhen und Wuchsformen sind sorgsam aufeinander abgestimmt und selbst bei einem Zufallsprinzip der Pflanzung entsteht immer wieder ein Ordnungsprinzip. Dieses kann von Standort zu Standort variieren, weil man nie vollkommen gleiche Bedingungen antrifft. Entscheidend ist, dass das Zusammenspiel jedes Mal auf seine Art und Weise gelingt. Das ist quasi eine Garantie.

Doch es muss natürlich auch eine entsprechende Basis geschaffen werden. Dazu gehört in jedem Fall die Vorbereitung des Bodens. Priorität hat hier vor allem das Entfernen von Unkräutern. Alle Wurzelunkräuter müssen sehr gründlich entfernt werden. Das gilt insbesondere für Quecke, Winde, Giersch und Ackerschachtelhalm. Man sollte sich die Zeit nehmen, die Wurzeln tiefgründig aufzu-

←
Qualitätsstauden kauft man als Jungpflanzen im Fachbetrieb.

spüren und herauszunehmen. Man erkennt sie eigentlich leicht, weil sie glatt und lang sind. Reißt man diese Wurzelunkräuter nur ab, werden sich bald neue Triebe zeigen, die sich ebenso rasch durchsetzen. Ähnliche Gründlichkeit sollte man walten lassen, wenn es darum geht, Löwenzahn, Brennnesseln und Disteln zu entfernen. Hier kann man sicherlich auch nachträglich mit viel Konsequenz Abhilfe schaffen. Dann muss man die Blüte verhindern und alle auflaufenden Pflanzen immer wieder mitsamt der Wurzel entfernen. Neben dieser Vorbereitung sind Bodenverbesserungen durch Lockerung oder das Einbringen von Humus je nach Zustand des Bodens und den Bedingungen der Mischung erforderlich.

Für die Pflanzung sollte das Frühjahr vorgesehen werden. Das hat den Vorteil, dass sich die Pflanzen in dem langsam erwärmenden Boden schnell wohlfühlen, Wurzeln bilden und einwachsen. Vor allem bei den sogenannten C4-Pflanzen ist es unabdingbar, dass sie im Frühjahr gepflanzt werden, denn die Zeit ihres Wachstums beläuft sich auf wenige Monate. Zwischen Mai und Juli findet die Entwicklung statt. Setzt man diese C4-Pflanzen im Herbst ein, dann tut sich bis zum Frühjahr nichts. Es findet kein Prozess des Einwurzelns statt und das hat zur Folge, dass die Pflanzen leicht erfrieren oder verfaulen, da sie als Solitär im Bodengefüge die winterlichen Gegebenheiten nicht ausgleichen können. Zu diesen Pflanzen zählen vor allem nordamerikanische Präriestauden und zahlreiche Gräser wie das Mexikanisches Federgras (*Nasella tenuissima*) und das Chinaschilf (*Miscanthus sinesis*). Wer nun bei dem Pflanzzeitpunkt im Frühling die Frage stellt, wie dann Geophyten in einer solchen Pflanzung integriert werden können, dem sei gesagt, dass im Herbst genügend Lücken sind, um für das zweite Standjahr einen angemessenen Frühlingsauftakt mit den entsprechenden Zwiebelblumen zu ergänzen.

Die Pflanzen werden zunächst auf der Fläche ausgelegt. So kann man die gewiss rhythmische, aber keineswegs statische oder gar gleichmäßige Verteilung der verschiedenen Arten immer nochmals korrigieren. Anschließend wird gepflanzt und zwar nicht besonders tief, denn die gesamte Pflanzung bekommt nun eine Mulchschicht. Diese soll zum einen das Auflaufen von Unkrautsaat verhindern. Zum anderen hilft diese Mulchschicht, die Feuchtigkeit im Boden zu halten, so dass sich die Pflanzen selber sehr gut versorgen und in der Tiefe des Bodens ein gutes Wurzelsystem entwickeln, aus dem sie sich auch in längeren Phasen der Trockenheit gut selber versorgen können. Es wird bei den meisten Mischpflanzungen auf eine mineralische Mulchschicht zurückgegriffen. Das hat den Vorteil, dass die Oberfläche tatsächlich trocken bleibt und es nicht zu einer Dauerfeuchte kommt, die beispielsweise Schnecken anlockt. Man trägt 7 bis 10 cm Splitt oder Kies, Körnung 8-16 mm ohne Feinanteile auf. In schattigen Bereichen kann aus optischen Gründen auch eine pflanzlich basierte Mulchschicht Sinn machen. Es gibt auch einige Mischungen, die mit Hilfe von Einjährigen, die eingesät werden, vor dem Unkrautwuchs geschützt werden. Dieses wirkt besonders natürlich.

↓
Stauden brauchen bei der Pflanzung große Abstände, da sie kräftige Horste bilden.

Von Struktur-, Gerüst- und Füllpflanzen

Die Pflanzen, die für ein solches Konzept ausgewählt werden, müssen jede für sich besondere Eigenschaften haben. Die Pflanze sollte ganzjährig etwas hermachen und keinen großen Pflegeaufwand benötigen. Stauden, die beispielsweise aufgebunden werden müssen, oder solche, die immer wieder ausgeputzt werden müssen, fallen hier durch das Raster. Vielmehr müssen die Pflanzen unkompliziert sein und nach der Blüte am besten mit einem besonderen Fruchtstand die Formenvielfalt bereichern. Darüber hinaus müssen die Pflanzen aber auch eine von vier Funktionen innerhalb der Mischung übernehmen. Man unterscheidet hierbei zwischen Gerüstbildnern, Begleitstauden, Füllpflanzen und Bodendeckerstauden.

Als **Gerüstbildner** werden Stauden bezeichnet, die besonders standfest sind und den Raum gliedern. Sie ziehen den Blick des Betrachters automatisch auf sich und führen das Auge des Betrachters. Gerüstbildner sind häufig Solitärstauden, z.B. die Seidenhaar-Königskerze (*Verbascum bombiciferum*) oder Halbsträucher wie beispielsweise die Blauraute (*Perovskia abrotanoides*). Diese Pflanzen tauchen in größeren Abständen immer wieder in einer Pflanzung auf und schaffen so eine Dreidimensionalität der Pflanzung. Ihr Anteil liegt zwischen 5 und 15 Prozent der Pflanzen. Meist werden dabei zwischen drei und etwa sechs verschiedene Arten in dieser Funktion eingesetzt. Nicht selten übrigens übernehmen auch hohe Gräser die Funktion.

Die **Begleitstauden** unterliegen keinen besonderen Ansprüchen an die Wuchsform und den Charakter. Hier gilt es nun, die Blütezeiten aufeinander abzustimmen, damit immer ein Blüh- oder Entwicklungsaspekt der Gerüstbildner unterstützt wird. Diese halbhohen Stauden bilden mit einem Wert zwischen 30 und 40 Prozent einen großen Mengenanteil. Entsprechend vielfältig kann das Repertoire dieser Begleitstauden sein.

Mit knapp 50 Prozent ist der Anteil der **Bodendeckerstauden** ebenfalls recht hoch. Diese Pflanzen sorgen dafür, dass

←
Leicht, aber stabil recken sich die Blütenstiele des Patagonischen Eisenkrautes über die Pflanzung.

→
Die Präriekerze ist ein Markenzeichen der Staudenmischung »Silbersommer«.

sich die Fläche schließt und lückenlos begrünt ist. Daher müssen diese Pflanzen folgende Eigenschaften haben: Sie wachsen niedrig und breiten sich wie ein Teppich aus. Dabei werden meist Pflanzen ausgewählt, die sich oberirdisch auf eine Pflanzung legen und so ihren Zauber ausbreiten. Stauden, die unterirdisch Ausläufer bilden, und sich dadurch zu Teppichen ausbreiten, haben meist ein stark verdrängenden Charakter und bestimmen nach wenigen Jahren die Pflanzung. Typisch als Bodendecker ist beispielsweise der Weiße Beifuß (*Artemisia ludoviciana* var. *albula* 'Silver Queen') und die Behaarte Nachtkerze (*Oenothera pilosella*).

Gerade im ersten und mitunter auch im zweiten Jahr ist ein Staudenbeet mit einer Blumenmischung vielleicht noch ein wenig »ruhig«. Die Pflanzen müssen erst »ankommen« und einwurzeln, bis sie ihre volle Schönheit schließlich entfalten. Hier sind die **Füllpflanzen** gefragt. Es handelt sich hierbei um kurzlebige, auch einjährige Pflanzen, die für die Stauden keine besondere Konkurrenz darstellen. Natürlich sollten sich diese Pflanzen in Hinblick auf Struktur und Charakter gut einfügen. Zu Mischungen für die pralle Sonne das einjährige Steife Eisenkraut (*Verbena rigida*), das in geschützten Lagen vielleicht sogar winterhart ist. Oder man verwendet das Orangefarbene Schmuckkörbchen (*Cosmos sulphureus*) (s. Seite 61) für die Lücken in Präriepflanzungen. Auch der Kalifornische Mohn (*Eschscholzia californica*) fügt sich mit seinem silbrigen Laub und den knallorangefarbenen Blüten sehr gut ein. Als mehrjährige Füllpflanzen fungieren häufig das Patagonische Eisenkraut (*Verbena bonariensis*) und die Präriekerze (*Gaura lindheimeri*). In halbschattigen Bereichen kann man mit dem gelben Scheinmohn (*Meconopsis cambrica*) den einen oder anderen Akzent setzen.

Der Silbersommer

Diese Blumenmischung hat eine besondere Stellung unter den verschiedenen Konzepten, denn sie ist bereits seit vielen Jahren in der Verwendung und damit wirklich erprobt. Man kann hier auch sehen, welche Dynamik sich in dieser Mischung immer wieder erkennen lässt. Die besondere Bedeutung zeigt sich auch darin, dass dieses Konzept 2006 den Innovationspreis Gartenbau vom Bundesministerium für Ernährung, Landwirtschaft und Verbraucherschutz erhalten hat.

Die Mischung »Silbersommer« ist für einen vollsonnigen Standort konzipiert worden, der einen trockenen und eher armen Boden hat. Für die Pflanzen ist es wichtig, dass der Boden durchlässig ist und Staunässe kein Problem ist.

Die Pflanzen des »Silbersommers«

Gerüstbildner
↓

- **Goldgarbe** (*Achillea filipendulina* 'Coronation Gold')
- **Atlas-Schwingel** (*Festuca mairei*)
- **Blauraute** (*Perovskia abrotanoides*)
- **Brandkraut** (*Phlomis russeliana*)
- **Teller-Sedum** (*Sedum telephium* 'Herbstfreude')
- **Silberährengras** (*Stipa calamagrostis* 'Algäu', Syn. *Achnatherum calamagrostis* 'Algäu')
- **Seidenhaar-Königskerze** (*Verbascum bombiciferum*)

Begleitstauden
↓

- **Perlkörbchen** (*Anaphalis triplinervis* 'Silberregen')
- **Berg-Aster** (*Aster amellus* 'Sternkugel')
- **Goldhaar-Aster** (*Aster linosyris*)
- **Gold-Wolfsmilch** (*Euphorbia polychroma*)
- **Präriekerze** (*Gaura lindheimeri*)
- **Rote Witwenblume** (*Knautia macedonica*)
- **Großer Ehrenpreis** (*Veronica teucrium* 'Knallblau')

Füllpflanzen
↓

- **Rasselblume** (*Catananche caerulea*)
- **Blauer Stauden-Lein** (*Linum perenne*)
- **Weiße Vexiernelke** (*Lychnis coronaria* 'Alba', Syn. *Silene coronaria* 'Alba')
- **Gelbe Skabiose** (*Scabiosa ochroleuca*)

Bodendeckende Stauden
↓

- **Hain-Anemone** (*Anemone sylvestris*)
- **Bergminze** (*Calamintha nepeta* subsp. *nepeta*)
- **Zypressen-Wolfsmilch** (*Euphorbia cyparissias*)
- **Kaukasus-Storchschnabel** (*Geranium renardii*)
- **Weißer Blut-Storchschnabel** (*Geranium sanguineum* 'Album')
- **Kleines Habichstkraut** (*Hieracium pilosella*)
- **Katzenminze** (*Nepeta x faassenii*)

Geophyten (Pflanzung im Herbst)
↓

- **Zier-Lauch** (*Allium nigrum*)
- **Weiße Balkan-Anemone** (*Anemone blanda* 'White Splendour')
- **Elfen-Krokus** (*Crocus tommasinianus* 'Ruby Giant')
- **Traubenhyazinthe** (*Muscari latifolium*)
- **Botanische Tulpe** (*Tulipa praestans* 'Füsilier')

←
Die kugeligen Blütenstände des Lauchs stehen wie Paukenschläger im Frühsommer über der Mischung.

→
Großzügigkeit ist bestimmend für die Wirkung von Präriepflanzungen.

Diese Mischung überzeugt, weil hier spannungsreich die verschiedenen Blattformen und -größen sowie unterschiedliche Wuchshöhen miteinander kombiniert werden. Die Farben sind harmonisch aufeinander abgestimmt. Bei den Blüten überwiegt der Dreiklang von Gelb, Weiß und Blau, während das Blattwerk mit silbrigen Tönen das Ganze unterlegt. Dank der zarten Blütenstände wirkt die ganze Komposition anmutig. Die Füllpflanzen sind tatsächlich kurzlebig, aber sie säen sich immer wieder neu aus und erobern von alleine Lücken. Das unterstreicht auch den naturnahen Charakter der Blumenmischung »Silbersommer«. Im Winter stehen dann Fruchtstände und Gräser markant und zauberhaft, um sich von Schnee und Raureif verzieren zu lassen.

Der Trend: Die Prärie

Präriepflanzen sind voll im Trend, und sie passen wirklich auch ganz hervorragend in die staudigen Blumenmischungen, weil sie ja in weiten Teilen Nordamerikas ganz natürliche Pflanzengemeinschaften bilden. Sie sind mit unseren Wiesen zu vergleichen, denn diese weiträumigen Grasflächen bestehen in erster Linie aus Gräsern und blühenden Stauden. Sträucher und Bäume gibt es so gut wie nicht. Doch die Böden im Mittleren Westen zwischen Mississippi und Missouri sind sehr fruchtbar, so dass die Pflanzen, die sich etabliert haben, sich als sehr wüchsig und auch hochwachsend erwiesen haben. Zugleich sind diese Pflanzengesellschaften einer natürlichen Dynamik und Selbstregulierung unterlegen. Die Präriepflanzung wird durch die stets wärmer werdenden Sommer beflügelt, denn in dieser Zeit sind die Pflanzen auf ihrem Höhepunkt. Vergleicht man dieses mit der heimischen Blumenwiese, die ökologisch natürlich einen hohen Stellenwert hat und unbedingt zu unseren Pflanzvorbildern gehört, muss man sehen, dass die Prärie einen nährstoffreichen Boden gut verträgt und die Sommer mit Blütenreichtum umspielt.

In einer Präriepflanzung hat jede Pflanze ihre feste Rolle, so wie es bei Mischpflanzungen ganz typisch ist. Es gibt jedoch neben Gerüst-, Begleit- und Füllpflanzen die Gruppen der Aspekt- und der Streupflanzen. Bei den Aspektpflanzen handelt es sich um Arten, die zu einer bestimmten Jahreszeit bestimmend sind. Dabei dienen Farbe oder Form quasi als Stichwort für den jeweiligen Aspekt. Zu diesen Pflanzen zählen beispielsweise der Sonnenhut (*Echinacea*), die Schafgarbe (*Achillea*) und das Mexikanisches Federgras (*Nasella tenuissima*, Syn. *Stipa tenuissima*). Die Streupflanzen sind vorwiegend aus dem Repertoire der Zwiebel- und Knollengewächse. Sie können wie beispielsweise die Präriekerze (*Camassia*) auch in den Prärien vorkommen, zeichnen sich aber vor allem dadurch aus, dass sie vor der eigentlichen Prärie zum Höhepunkt kommen. Man kann aber auch mit Arten aus anderen Regionen, wie Tulpen (*Tulipa*) den Gesichtspunkt einer Verfrühung der Blüte ins Spiel bringen.

In den verschiedenen erprobten Mischungen gibt es eine ganze Reihe von Kombinationen, die mit dem Thema Prärie spielen und Pflanzen verwenden, die quasi Markenzeichen der Prärie sind.

Die Klassiker der Prärie

Duftnessel (*Agastache foeniculum*) wird wegen des Duftes, den die Blätter verströmen, auch Anis-Ysop genannt. Die Büsche werden 60 bis 80 cm hoch und haben eine betont aufrechte Struktur. Die hellvioletten Blüten stehen in dichten Ähren und erweisen sich als Attraktion für Insekten. Hervorzuheben ist die rasche Entwicklung der Pflanzen, die bereits im ersten Jahr eine stattliche Größe bei gleichzeitig üppiger Blüte erreichen.

Knollige Seidenpflanzen (*Asclepias tuberosa*) sind Hingucker. Die feurig orangefarbenen Blüten stehen doldenartig am Ende der 50 cm hohen Stängel. Aus den Blüten entwickeln sich lange Balgfrüchte, aus den die mit einem weißen Haarschopf gezierten Samen hervorquellen.

←
Der Rote Scheinsonnenhut lockt viele Insekten an.

Astern (*Aster* in Arten und Sorten) bringen im Herbst nochmals Schwung in die Prärie. Die Arten, die aus den Prärien stammen, sind vielzählig und haben in unseren klassischen Staudenbeeten einen festen Platz. Zu nennen ist die buschige *Aster cordifolius*, die niedrige breit wachsende *Aster divaricatus* sowie *Aster laevis*, die mit ihren blauen Blüten an hohen Stängeln einen Blickfang bildet. Zu den eher niedrigen Arten zählt *Aster laterifolius*. Weitere Arten sind *Aster ericoides*, A. *novae*-angliae, *A. oblongifolius* und *A. umbellatus*.

Indigolupine (*Baptisa australis*) oder **Blaue Färberhülse** heißt ein blaublühender Schmetterlingsblütler, der auf der einen Seite so wuchsstark ist, dass er als Gerüst- und Aspektpflanze zugleich fungiert. Auf der anderen Seite muss man wissen, dass er etwas Zeit braucht, um sich zu etablieren. Indigolupinen sind Langsamentwickler.

Scheinsonnenhut (*Echinacea*) ist bei uns vor allem als Roter Scheinsonnenhut (*E. purpurea*) bekannt, der in den vergangenen Jahren mit zahlreichen neuen Sorten in Rosa, Purpur, Weiß und auch Orange von sich reden gemacht hat. Diese robuste Staude hat aber noch einige Schwestern, wie beispielsweise der Blasse Prärie-Igelkopf (*E. pallida*), deren Blütenblätter fast senkrecht nach unten hängen, und der Gelbe Sonnenhut (*E. paradoxa*), der vor allem durch seine Blütenfarbe auffällt.

Präriekerzen (*Gaura lindheimeri*) sind zwar immer nur sehr kurzlebig, aber wenn sie auf einem warmem Boden stehen, versamen sie sich ganz zuverlässig, so dass man sie nicht so schnell verliert. Die verzweigten Stängel sind ähnlich wie die weißen Blüten von einem klaren Rot überzogen. Es gibt mittlerweile zahlreiche Arten, darunter auch rosablühende.

Prachtscharten (*Liatris spicata*) haben auffällige Blütenstände, die wie Kolben aussehen und von oben nach unten abblühen. Das Laub ist grasartig und während der Blüte sammeln sich zahlreiche Schmetterlinge an den Kolben, die je nach Sorte violett oder weiß blühen. Die Struktur der Blütenstände prägt die Bepflanzung auch nach der Blüte.

Minzblättrige Indianernesseln (*Monarda fistulosa* var. *menthifolia*) kennt man auch aus dem klassischen Staudenbeet, aber in der Gemeinschaft mit Präriepflanzen wachsen sie wesentlich gesünder und haben nur selten Mehltau oder Rost. Die Stängel sind kräftig, und die Blätter haben einen feinen minzartigen Duft. Blätter und Blüten sind essbar.

Der Rote Bartfaden (*Penstemon barbatus* subsp. *coccineus*) zählt zu einer großen Gruppe an verschiedenen Arten der für Amerika typischen Gattung *Penstemon*. Bei uns hat er sich jedoch nicht wirklich etabliert, weil er kurzlebig ist und es an Winterhärte in unseren Klimabedingungen mangelt. In der Präriepflanzung dürfen die an den Fingerhut erinnernden kirschroten Blüten jedoch nicht fehlen, und sie behaupten sich durchaus, wenn der Boden im Winter nicht zum Vernässen neigt.

Missouri-Sonnenhut (*Rudbeckia missouriensis*) wächst bei großer Trockenheit und einem etwas armen Boden hervorragend. Die gelben Blüten haben eine große Leuchtkraft, und meist breiten sich die Pflanzen mäßig zu einem kleinen Teppich aus. Nach der Blüte bleiben die Fruchtstände stehen und werden zur Attraktion, wenn sie mit Eiskristallen überzuckert werden.

Ohio-Dreimasterblumen (*Tradescantia ohiensis*) haben eine hohe Toleranz hinsichtlich der Bodenfeuchtigkeit. Sie haben grasartige Blätter, zwischen denen von Mai bis August die zarten Blüten in Rosarot, Lila oder Weiß erscheinen.

Patagonisches Eisenkraut (*Verbena bonariensis*) wächst nur in sehr warmen Wintern mehrjährig. Dann hat man besonders kräftige und früh blühende Exemplare. Anderenfalls sät sich die Staude problemlos aus und erobert sich immer wieder neue Lücken. Sie wird fast zwei Meter hoch und braucht kräftige Partner, die stützend eingreifen. Aber da die Blütenstände vergleichsweise zierlich sind und die Blütenstängel nahezu unbelaubt, stört das Anlehnungsbedürfnis nicht. Die Blüte hält bis zum Frost an.

→
Präriekerzen und Astern blühen im Herbst um die Wette.

Gerne auch mit Gräsern

Bei den Prärien ebenso wie bei Mischpflanzungen mit Stauden spielen Gräser in vielfältiger Art und Weise eine große Rolle. Natürlich bringen sie zunächst einmal mit ihren Halmen eine gleichmäßige Struktur ins Spiel. Hier sind beispielsweise das Kleine Präriegras (*Schizachyrium scoparium*, Syn. *Andropogon scoparium*) und das Reitgras (*Calamagrostis* x *acutiflora* 'Karl Foerster') zu nennen. Sie wachsen straff aufrecht. In jedem Fall kommt dann aber der Blütenstand von der Wirkung zum Tragen. Hier gibt es ganz unterschiedliche Aspekte. Von einer besonderen Transparenz leben die reich verzweigten Rispen der Ruten-Hirse (*Panicum virgatum*) mit ihren zahlreichen Sorten. Etwas kompaktere, aber immer noch feine Büschel kennzeichnen Diamantgras (*Calamagrostis brachytricha*) und Purpur-Liebesgras (*Eragrostis spectabilis*). Und eine große Dynamik geht von dem Mexikanischen Federgras (*Nasella tenuissima*, Syn. *Stipa tenuissima*) aus. Es versamt leicht und sollte immer ausgekämmt werden, um die alten Halme zu entfernen. Diese Maßnahme ist dem Rückschnitt vorzuziehen. Kompakt, aber besonders auffällig sind die Blüten des Wimperperlgras (*Melica ciliata*). Und wer es wirklich exotisch mag, der schaut sich mal das Moskitogras (*Bouteloua gracilis*) und das Plattährengras (*Chasmantium latifolium*) an.

Schatten-mischungen

Natürlich liegen nicht alle Flächen in der prallen Sonne, sondern es gibt viele absonnige Bereiche und Gehölzrand- bzw. Gehölzsituationen, für die es auch eine Lösung braucht. Die Grundlage ist natürlich ein ganz anderes Pflanzensortiment, nämlich die Schattenstauden. Sie sind weniger vom Farbeindruck der Blüten bestimmt, sondern spielen vielmehr mit dem Laub als Ausdrucksmittel. Die wohl bekannteste Mischung trägt den Namen »Schattenglanz«. Sie spielt mit glänzenden Blattoberflächen und nutzt gezielt silbrig marmoriertes oder panaschiertes Laub, um den Mangel an strahlendem Licht auszugleichen. Um den Kontrast der Strukturen effektvoll zu inszenieren, werden Farne und Gräser eingesetzt. Viele der ausgewählten Stauden sind winter- bzw. immergrün, so dass auch in der kalten

←
Die Blütenrispen der herbstlichen Gräser spielen mit dem immer flacher stehenden Sonnenlicht.

Jahreszeit eine gute Wirkung erhalten bleibt. Dadurch, dass die Fläche recht schnell geschlossen ist, entsteht die Wirkung einer Decke, die zwar durchaus ein Patchwork-Muster hat, aber in sich geschlossen ist. Im Frühjahr gibt es dank blauer und weißer Blüten einen zusätzlichen Aspekt.

Bei der Anlage müssen ein paar abweichende Dinge berücksichtigt werden. Wenn sich große Gehölze in der Pflanzfläche befinden, dann sollte man unbedingt eine frische Erdauflage in Höhe von 10 cm frischem Substrat ausgebracht werden. Das hat den Vorteil, dass die Pflanzen leichter Fuß fassen und sich nicht erst gegen die langjährig etablierte Konkurrenz durchkämpfen müssen. Als Mulchmaterial wird organisches Material wie Rindenhumus verwendet, weil es natürlich wirkt. Bei der Pflege ist meist nur ein selektiver Rückschnitt der Pflanzen erforderlich, die tatsächlich im Winter einziehen. Im Spätwinter können trockene Farnwedel, Blätter des Kaukasus-Vergissmeinnicht und Funkienlaub entfernt werden. Die anderen Arten sind immergrün und ein Rückschnitt ist nicht erforderlich.

Die Pflanzen der Mischung »Schattenglanz«

Gerüstbildner
↓

- **Riesen-Segge** (*Carex pendula*)
- **Korsische Nieswurz** (*Helleborus argutifolius*)
- **Glocken-Funkie** (*Hosta ventricosa*)
- **Dorniger Schildfarn** (*Polystichum aculeatum*)

Begleitstauden
↓

- **Italienischer Aronstab** (*Arum italicum* 'Marmoratum')
- **Hirschzungenfarn** (*Asplenium scolopendrium*, Syn. *Phyllitis scolopendrium*)
- **Bergenie** (*Bergenia* 'Beethoven')
- **Großblättriges Kauskasus-vergissmeinnicht** (*Brunnera macrophylla* 'Jack Frost')
- **Honshu-Segge** (*Carex oshimensis* 'Evergold')
- **Lanzenlbatt-Funkie** (*Hosta lancifolia*)
- **Horstbildende Liriope** (*Liriope muscari* 'Ingwersen')

Füllpflanzen
↓

- **Mandelblättrige Wolfsmilch** (*Euphorbia amygdaloides* 'Purpurea')

Bodendeckende Stauden
↓

- **Kleines Immergrün** (*Vinca minor* 'Marie')

Geophyten (Pflanzung im Herbst)
↓

- **Balkan-Windröschen** (*Anemone blanda* 'White Splendour')
- **Spanisches Hasenglöckchen** (*Hyacinthoides hispanica* 'White Splendour')

←
Mit den grasartigen Blättern passen Taglilien in wiesen-artige Mischungen.

Pflege: So viel wie nötig, so wenig wie möglich

Da die Mulchschicht (s. Seite 84) einen Großteil der Arbeit zunächst einmal übernimmt, beruht die Pflege eigentlich nur darauf, die Pflanzen zurückzuschneiden. Grundsätzlich wird diese Arbeit im Spätwinter vorgenommen. Es ist ein Zeitpunkt kurz vor dem Neuaustrieb abzupassen. Dabei kann man wirklich ganz großzügig die gesamte Fläche abmähen und das Schnittgut mit einem Fächerbesen abharken. Das trockene Material kann gehäckselt und anschließend auf den Kompost gegeben werden. Dieser ganz simple Arbeitsgang ist im Grunde das Kernstück der Pflege, und wenn man es sich so richtig klar macht, ist es wirklich sehr übersichtlich. Man kann keine Fehler machen. Es gibt nun sicherlich noch Mischungen, bei denen es möglich ist, eine Sommermahd zu machen. Der Zeitpunkt hierfür ist der Juni. Bei diesen Mischungen, die vor allem Arten wie frühblühenden Storchschnabel (z.B. *Geranium phaeum*), Frauenmantel (*Alchemilla mollis*) und Lungenkraut (*Pulmoniaria saccarata*) enthalten, kann es sein, dass nach der ersten Blüte die Horste unschön werden. Man kann hier dann auch mal vom Konzept des flächigen Eingriffs abweichen und Einzelpflanzen bearbeiten. Durch diese Maßnahme kommt es zum Neuaustrieb und zu einer besseren Standfestigkeit der Pflanzen.

Ansonsten kann es nur in extrem trockenen Zeiten notwendig sein, dass man die Pflanzungen gießt. Vor allem nach der Neuanlage müssen Durststrecken vermieden werden, weil das Wasser die Pflanzen in dieser Phase nicht nur vor dem Austrocknen schützt, sondern die Bindung zum Boden aufrecht erhält und so das Anwachsen fördert. Ganz wichtig: Man wässert einmal kräftig, so dass das Wasser tatsächlich auch in die tiefen Schichten vordringt und die Wurzeln angeregt werden, in die Tiefe zu wachsen.

→
Blütenmischungen wachsen im Laufe des Jahres lückenlos ineinander.

... und dazwischen ein paar Zwiebelblumen

Wenn der Winter Adé sagt und der Frühling naht, dann macht es durchaus Freude, die ersten Blüten bereits zu begrüßen. Die sogenannten Geophyten ziehen als erste die Aufmerksamkeit in den Blumenmischungen auf sich. Krokusse (*Crocus* in Arten), Engelstränen-Narzissen (*Narcissus triandrus*) und Botanische Tulpen (*Tulipa* in Arten) bilden schöne kräftige Farbtupfer und begleiten den Neuaustrieb der Stauden. Im Frühsommer mischt sich dann der Zierlauch (*Allium*) mit seinen kleinen oder größeren Blütenkugeln auf kräftigen Stielen dazwischen. All diese Frühlingsblüher werden im Herbst gepflanzt. Jede Art wird separat gepflanzt. Meist reichen drei Zwiebeln pro Pflanzstelle aus.

Darüber hinaus gibt es die sommerblühenden Zwiebelblumen, die erst im Frühsommer gepflanzt werden. Hier muss man sagen, dass da natürlich ein bisschen mehr Arbeit dahintersteckt, denn sie sind in den seltensten Fällen winterhart. Also muss man sie nicht nur im Frühling pflanzen, sondern auch im Herbst aus der Erde holen. Daher ist diese Kombination nicht sehr gebräuchlich. In das Konzept der eher zarten Blüten passen im Grunde auch nur zwei der sommerblühenden Zwiebel- und Knollenblumen. Das ist zum einen die Montbretie (*Crocosmia masionorum*), die zarte Rispen mit intensiv roten Blüten bildet. Die andere Gruppe sind Dahlien (*Dahlia*), und zwar die kleinblumigen ungefüllten Arten. Sie haben die Leichtigkeit für eine Staudenmischung und vor allem eine ganz natürliche Ausstrahlung. Sie bringen vor allem im Spätsommer, wenn Dahlien ganz typisch zu Höchstform auflaufen, herrliche Blüten zu den Gräsern. Ein besonderes Spiel entsteht, wenn man auch noch auf die Blattfarbe achtet. Hier sind besonders die Sorten der 'Bishop'-Serie zu empfehlen. Es handelt sich hierbei um die recht alte Dahliensorte 'Bishop of Llandaff', die schon 1928 gezüchtet wurde. Mittlerweile gibt es einen 'Bishop of Dover' mit weißen Blüten, die schwarzrot blühende 'Bishop of Auckland', 'Bishop of Leicester' mit zartrosa Blüten und in Bronzegelb 'Bishop of York'.

→
Botanische Tulpen leuchten in Rot und Gelb zwischen dem Wiesenschaumkraut.

Zwiebelblumen für die Staudenmischung

Frühlingsblüher mit Pflanzzeit im Herbst
→

- **Zierlauch** (*Allium* in niedrigen Arten und Sorten)
- **Balkan-Windröschen** (*Anemone blanda*)
- **Leichtlins Prärielilie** (*Camassia leichtlinii*)
- **Kleiner Krokus** (*Crocus crysanthus*)
- **Elfenkrokus** (*Crocus tommasinianus*)
- **Traubenhyazinthe** (*Muscari armeniacum*)
- **Kleinblumige Narzissen** (*Narcissus* in Arten u. Sorten)
- **Spanisches Hasenglöckchen** (*Hyacinthoides hispanica*)
- **Botanische Tulpen** (*Tulipa* in Arten und Sorten)

Sommerblüher
↓

- **Montbretie** (*Crocosmia*)
- **Kleinblumige Dahlien** (*Dahlia*-Hybriden)

IDEEN

für Topf und Kübel

Mobile Mischungen

Blumenmischungen machen vor dem Topfgarten keinen Halt. Gerade wenn man nur auf sehr reduzierter Fläche beziehungsweise ohne Erdreich gärtnert, heißt das nicht, dass man nicht viele verschiedene Pflanzen haben möchte. Die Mischung ist hier gefragt. Gleichzeitig kann man sich auf diesem Weg für einen Sommer etwas Dekoratives zaubern und im folgenden Jahr kann man es auch lassen oder an einer anderen Stelle etwas Neues ausprobieren. Darüber hinaus haben Blumenmischungen in Töpfen zwei Vorteile: Der eine besteht darin, dass man sich das Substrat selber aussucht. Man kann also die Eigenschaften flexibel an die Pflanzenbedingungen anpassen. Und weil man selten einen flachen kleinen Topf auf die Erde stellt, sondern einen Kasten an das Balkongeländer hängt oder ein hohes Gefäß als Blickfang auf die Terrasse stellt, wachsen einem die Pflanzen im wahrsten Sinne des Wortes entgegen. Man muss sich nicht bücken, um sie zu beschnuppern oder mal den einen oder anderen Stiel für die Vase zu schneiden. Die gesäte Mischung entspricht auch dem Trend der Verwendung von vorgezogenen Sommerblumen im Balkonkasten. Nachdem man sich über Jahrzehnte hinweg eher monoton in der Verwendung gezeigt hat und nur eine Pflanze, z.B. Geranie

↑
Die gesäte Mischung im Kübel sieht aus wie ein Stück getopfte Wiese.

oder Petunie verwendet hat, mischt man seit einigen Jahren immer mehr verschiedene Sommerblumen miteinander. Dabei gibt es vor allem zwei Orientierungspunkte: der eine bezieht sich auf die Wuchsform und der andere auf die Blütenfarbe. Innerhalb dieser Orientierung wird es dann wieder etwas starrer, denn jede Wuchsform hat ihren Platz im Kasten. Also die überhängenden kommen an die Ränder, die hohen aufrechten in die Mitte und dazwischen die buschigen Pflanzen. Alles wird symmetrisch und gleichmäßig verteilt, so dass die Kästen oder auch Kübel nicht wie ein Wiesenstrauß aussehen, sondern mehr an ein gestyltes Bouquet vom Meisterfloristen erinnern. Auch farblich lässt man sich selten auf ein Experiment ein, sondern bleibt Lieblingsfarben und Trends treu. Die farbliche Einheit wird dann eher durch unterschiedliche Blütenformen aufgelockert.

↑
Der sommerliche Staudenmix im Topf benötigt viel Platz, um sich zu entfalten.

Gefäße und Substrate

Anders als bei den Blumenmischungen im Beet muss man sich für den Topfgarten bei den Vorüberlegungen nicht um die Standortbedingungen des Bodens Gedanken machen, sondern nun muss man sich vor allem um die richtigen Gefäße und ein optimales Substrat kümmern. Wenn ich dabei von »richtig« und »optimal« spreche, dann hat das vor allem den Grund, dass es nicht nur um eine ideale Bedingung für die Pflanzen geht, sondern auch um eine ideale Bedingung für Hobbygärtner /-innen. Mobile Pflanzungen – ganz gleich mit welchen Pflanzen und auf welche Weise gestaltet wird – müssen gepflegt werden, d.h. vor allem mit Wasser versorgt werden. Damit diese Arbeit nicht zu intensiv wird und dem Erfolg im Wege steht, gilt es hier einige Aspekte zu beachten.

Die Gefäße sollten für eine abwechslungsreiche Blumenmischung nicht zu klein sein, damit man dem Begriff der Vielfalt überhaupt gerecht wird. Außerdem ist bei kleinen Gefäßen das Erdvolumen, das man einfüllen kann, so klein, dass rasch die Gefahr des Austrocknens besteht. Balkonkästen sollten also nicht nur lang, sondern vor allem ausreichend breit und tief sein. Als Kübel wählt man hohe Varianten. Allerdings muss man diese Gefäße nicht vollständig mit Substrat befüllen, sondern es reicht aus, wenn man unten große Kieselsteine hineinlegt. Müssen die Gefäße bewegt werden, dann nimmt man Styroporblöcke. Oder man füllt einfach Blähton ein; dieser ist zugleich ein guter Wasserspeicher.

Das Substrat muss luftig locker sein und Wasser gut speichern können. Daher macht es Sinn, ein Qualitätsprodukt zu wählen. Als Grundlage hat sich ein Substrat für die intensive Dachbegrünung bewährt, weil es seine Eigenschaften nicht nur für das erste Jahr hält, sondern drei bis vier Jahre verwendet werden kann. Am besten mischt man etwa ein Viertel reife Komposterde unter. Natürlich muss Dünger zugefügt werden. Das ist aber im Vergleich zu fertigen Substraten, die meist schon mit einem ordentlichen Nährstoffcocktail versehen sind, auch ein Vorteil. Denn so kann man auch Pflanzen für magere Böden wie Lein (*Linum perenne*), Kornblumen (*Centaurea cyanus*), Polsterthymian (*Thymus serphyllum*) und Pimpinelle (*Sanguisorba minor*) aussäen. Den Nährstoffgehalt nachträglich zu erhöhen, ist keine Schwierigkeit.
Wer fertige Substrate verwendet, nimmt solche für Kübelpflanzen, weil auch bei diesen Produkten Wert auf die Strukturstabilität gelegt wird.

Bei großen Gefäßen braucht man sich um die Bewässerung nicht zu viele Gedanken zu machen. Wichtig ist, dass überschüssiges Wasser abfließen kann. Da aber Balkonkästen immer nur ein kleines Erdvolumen haben, sollte man hierbei darauf achten, dass es ein Wasserreservoir gibt. Wenn dieses nicht durch einen doppelten Boden oder ähnliche Raffinessen vorhanden ist, kann man natürlich auch für einen Speicher sorgen, indem man entweder Blähton auf den Boden des Kastens gibt oder ihn mit einer dicken Vliesmatte bedeckt, die genau für diese Fälle angeboten wird.

Beides – also Blähton und Vlies – können bei Bedarf wieder verwendet und durch Übergießen mit kochendem Wasser desinfiziert werden, so dass sich Krankheitskeime nicht ausbreiten.

Bunte Vielfalt in Kübel und Kasten

Die Saatgut-Mischungen, die im Handel fertig für Kübel und Kasten angeboten werden, werden immer mit bunten Bildern angepriesen, die leider nicht immer der Realität entsprechen. Manchmal sind die Pflanzen so dicht, dass es sich bei dem Foto nur um eine gestellte Situation handeln kann. So dicht kann lediglich das Repertoire der enthaltenen Arten abgebildet sein. Das Ergebnis allerdings hat selbst bei bester gärtnerischer Pflege keine Ähnlichkeit mit der abgebildeten Situation. Und manchmal sind die Lücken mit klassischer Pflanzware gefüllt. Wenn Geranien in üppiger Blüte dazwischen stehen, dann sollte einen das Bild stutzig machen. Besser ist es, man liest die Sorten, die allerdings meist nicht vollständig und auf jeden Fall recht klein gedruckt sind. Das spricht in keiner Weise gegen eine fertige Blumenkasten-Mischung und soll nicht vom Kauf und der Anwendung abhalten. Nur solche Bilder können auf Grund einer falschen Erwartung zu Enttäuschungen führen. Natürlich sind die Mischungen auf ihre Eignung getestet und sie haben sich bewährt. Man findet neben Kombinationen, die sich in erster Linie an der Blütenfarbe orientieren, auch andere Gesichtspunkte. Sie werden im Folgenden beschrieben.

→
Zinnien, Kornblumen, Ringelblumen und Malven ergänzen sich zu einer bunten Mischung.

Hängend

Bei der hängenden Mischung erhält man einen bunten Saum aus Sommerblumen, die auf der einen Seite schnell keimen und auf der anderen Seite vom Wuchs ähnlich sind. Die Höhe beläuft sich auf etwa 30 cm und die dichten Triebe wachsen leicht überhängend, so dass der Balkonkasten innerhalb von wenigen Wochen unter dem Mix aus Blättern und Blüten verschwindet. In dieser Mischung sind typischerweise die folgenden Pflanzen vertreten: Kapuzinerkresse (*Tropaeolum*), Duftsteinkraut (*Lobularia maritima*), Zwergzinnien (*Zinnia angustifolia*), Buschwinden (*Convulvulus tricolor*) und Bauernorchideen (*Schizanthus x wisentoensis*).

Die Mischung wird häufig als Saatband angeboten. Es wird etwa zwei Zentimeter tief in eine Rille gelegt, angegossen und mit Erde bedeckt. Wenn sich bei den Sämlingen die ersten drei Blattpaare entwickelt haben, sollte man sie alle entspitzen, um frühzeitig den buschigen Wuchs zu fördern. Natürlich kann man auch diese Sorten als Pflanzen nebeneinander setzen. Ganz wichtig ist ein großzügiger Abstand, damit sich die Pflanzen entfalten können.

Pflegeleicht

Wenig Arbeit und geringe Kosten – das klingt zu schön, um wahr zu sein. Eine Balkonkastenmischung mit der Bezeichnung »pflegeleicht« lässt den Traum dann aber doch in Erfüllung gehen. Man muss nur zwei Dinge beachten: Das gesparte Geld sollte man in gute Blumenerde investieren und ein großzügiger Pflanzenabstand muss unbedingt eingehalten werden, damit sich die wüchsigen Pflanzen nicht gegenseitig das Leben schwer machen. Zu diesen zählen Ringelblumen (*Calendula officinalis*), Studentenblumen (*Tagetes*), Schleierkraut (*Gypsophila elegans*), Leinkraut (*Linaria*) und außerdem Duftsteinrich (*Lobularia maritima*) sowie Zwergzinnien (*Zinnia angustifolia*).

→
Ringelblumen wachsen gesund und fügen sich wüchsig in eine Mischung ein.

Kübelpflanzen-Untersaat

Während auf einem Hochstämmchen Kartoffelstrauch (*Solanum rantonettii*), Margeriten (*Argyranthemum frutescens*) oder ein Wandelröschen (*Lantana-Camara-*Hybride) blühen, ist es eigentlich zu schade, die Wurzelballen quasi brach liegen zu lassen. Es sieht nicht schön aus, das Substrat erhitzt sich schnell und trocknet rasch aus. Diese Fläche erweist sich als ideale Bühne für eine niedrige Pflanzenmischung, die man einfach im Frühling auf die Erde sät. Enthalten sind in dieser Mischung Zwergzinnien (*Zinnia angustifolia*), Leberbalsam (*Ageratum houstonianum*), Ringelblumen (*Calendula officinalis*), Duftsteinrich (*Lobularia maritima*) und Husarenknopf (*Sanvitalia procumbens*). Sie entwickeln sich rasch, und schon Ende Juni kann man mit den ersten Blüten rechnen. Wird der Bewuchs zu üppig, dann kann man einfach mal beherzt zur Schere greifen.
Ein Rückschnitt fördert den frischen Neuaustrieb.

Die wichtigsten Pflanzen der mobilen Mischungen von A–Z

Leberbalsam *(Ageratum houstonianum)* ist eine kleine Pflanze, die man vor allem als fertige Pflanzware bei uns kennt. Da wächst sie kompakt mit den dicht stehenden Blüten, die ein helles, aber dennoch intensives Violett oder auch ein rötliches Lila zeigen. Durch Aussaat gezogen werden die Pflanzen etwas lockerer und fügen sich in die Mischungen gut ein.

Ringelblumen *(Calendula officinalis)* sind so ziemlich die einfachsten Einjährigen, die man sich vorstellen kann. Sie wachsen rasch, wenn die Temperaturen im Frühling steigen, und können gut direkt gesät werden. Neben den leuchtend orangefarbenen und gelben Sorten gibt es auch zarte Pastelltöne, die gut zu den Blüten von heller Kapuzinerkresse passen.

Zwergmargeriten *(Chrysanthemum paludosum)* bilden kompakte Polster, die in Kästen, Kübeln aber auch als Einfassung eine sehr gute Figur machen. Sie sollten allerdings in der Mischung nicht zu dicht stehen, da sie sonst den lockeren Charakter einer Mischung zu stark dominieren.

Buschwinden *(Convulvulus tricolor)*, auch als Trichterwinden bekannt, werden zwischen 30 und 60 cm hoch. Die Blüten sind bei den meisten Sorten mehrfarbig: zum Beispiel innen gelb, dann weiß und außen lavendelblau. Sie wachsen buschig überhängend und dicht.

Schleierkraut *(Gypsophila)* verträgt magere Standorte und kann sich daher hervorragend als Unterpflanzung von Kübeln entfalten. Die Konkurrenz macht keine Probleme ebenso wie eine vorübergehende Trockenheit. Die lockeren Polster werden gut zwanzig Zentimeter hoch und sind dicht besetzt mit weißen Blüten.

Leinkraut *(Linaria)* gibt es in verschiedenen Varianten. Zum einen ist das hohe Leinkraut (*Linaria purpurea*) aus dem Staudengarten bekannt. Daneben wird im Naturgarten häufig das Gewöhnliche Leinkraut (*L. vulgaris*) mit hellgelben Blüten an bis 50 cm hohen Stängeln angesiedelt. Als einjähriges Leinkraut ist aber das Marokkanische (*L. maroccana*) besonders hervorzuheben, denn die violetten Blüten mit dem gelben Schlundfleck sind ein Blickfang. Darüber hinaus lieben Hummeln diese Pflanzen besonders. Wenn die Blüte nachlässt, schneidet man die Pflanzen zurück, damit sie neu durchtreiben.

Duftsteinrich *(Lobularia maritima)* blüht weiß oder hellviolett mit vielen kleinen Blüten, die nach Honig duften. Erstaunlich ist, dass die Pflanzen wirklich bis in den späten Herbst durchhalten und selbst bei den ersten Frösten noch nicht schlapp machen.

Elfenspiegel *(Nemesia strumosa)* erweist sich als eine sehr farbige Pflanze, die Blütenfarben von Weiß über Gelb und Orange bis hin zu Pink und verschiedenen Rottönen zeigt. Daher bringt man mit dieser einen Pflanze Buntheit in die Mischung. Zugleich ist die Blühfreudigkeit während der warmen Sommerwochen garantiert. Fallen die Temperaturen unter 18 ° C, stellt sie das Blühen bald ein.

Husarenknopf *(Sanvitalia procumbens)* ist die Mini-Sonnenblume, die sich mit kleinen Polstern und überhängenden Trieben dezent zwischen den Nachbarpflanzen behauptet. Sie deckt den Boden gut ab und ist absolut pflegeleicht. Kurzfristiger Stress durch Trockenheit ist für die Pflanzen kein Problem.

Bauernorchideen *(Schizanthus x wisentoensis)* haben farbenfrohe Blüten, die zum Teil auch getigert oder geflammt sind. Sie benötigen vor allem einen sonnig warmen Standort, damit sie sich prachtvoll entfalten und eine entsprechend gute Versorgung mit Dünger und Wasser.

Studentenblumen, Sammetblumen *(Tagetes)* gibt es in vielen verschiedenen Arten und Sorten. Für die Mischung ist vor allem die kleinblütige Tagetes zu empfehlen, denn mit den zarten Blüten und dem niedrigen Wuchs fügt sie sich gut zwischen andere Pflanzen ein. Etwas Besonderes sind Duft-Tagetes (*Tagetes lucida*), die in allen Teilen essbar sind und einen feinen Duft von Estragon und Anis haben.

Kapuzinerkresse *(Tropaeolum)* entwickelt sich rasch und besitzt essbare Blüten. Es gibt dabei verschiedene Farben von Gelb über Orange bis Rot sowie Variationen in zarten Sorbettönen wie Lachs und Creme. Die Blüten der Kapuzinerkresse sind essbar. Im Herbst kann man einige Samen für das nächste Jahr ernten. Bei warmem, feuchtem Wetter mit Wind können die Triebe von Läusen befallen werden. Abhilfe schafft hier ein scharfer Wasserstrahl oder einen feiner Wassernebel mit einem Tropfen Spülmittel.

Zwergzinnien *(Zinnia angustifolia)* wachsen in kleinen Kissen und haben entweder orangefarbene oder cremefarbene kleine Blüten. Sie brauchen ein bisschen Wärme, um in Schwung zu kommen, und sind dann aber auch ein Garant für Farbtupfer bis in den Herbst.

Kletterpflanzen als Sichtschutz

Balkon und Terrasse können leicht zum Präsentierteller für Nachbarn und Passanten werden. Nichts ist schrecklicher als sich ständig beobachtet zu fühlen. Also muss ein Sichtschutz her. Nun kann man lange mit Markisenstoffen und Holzstellwänden arbeiten, aber beides fügt sich nicht wirklich in eine blumige Atmosphäre ein. Da sind dann Kletterpflanzen deutlich wirkungsvoller, zumal sie erst langsam wachsen, also im Winter und Frühling den Lichteinfall nicht behindern. Darüber hinaus schaffen sie eine wohltuende Atmosphäre, weil die Blätter Wasser verdunsten und so automatisch die Luft gekühlt wird. Mit einer einjährigen Kletterpflanzenmischung lässt sich der Sitzplatz auf dem Balkon grün verhüllen. In dieser Mischung findet man verschiedene Winden (*Ipomoea purpurea*, *I. tricolor*), Kapuzinerkresse (*Tropaeolum majus*), Japanischen Hopfen (*Humulus scandens*), Zierkürbisse (*Cucurbita pepo*) und Duftwicken (*Lathyrus odoratus*). Sie entwickeln sich bis zu einer Höhe von zwei Metern. Wichtig ist, dass man bei der Aussaat alle 30 Zentimeter drei bis vier Körner legt oder sie zusammen in einen Topf bei der Vorkultur legt. Die Kulturgefäße sollten ausreichend groß sein und einen Wasserspeicher haben, denn es gilt, viel Pflanzenmasse gut zu versorgen. Außerdem braucht man eine nährstoffreiche Erde. Als Stützhilfen nimmt man am besten ein Spalier aus nicht zu dickem Draht, so dass sowohl die schlingend als auch die rankend wachsenden Pflanzen daran emporklettern können. Nach den Eisheiligen Mitte Mai wird es wärmer und die Sämlinge entwickeln sich rasch. Die ersten Blüten erscheinen dann nach etwa sechs Wochen und halten bis in den Oktober an.

←
Kleinblumige Studentenblumen wirken natürlich und gut proportioniert im Topf.

... und dazwischen was zum Naschen

↑
Im Kasten ist alles möglich: auch eine Tomate zwischen weißer Wolfmilch und Dukatentaler.

Vielfalt muss sich nicht immer nur auf Zierpflanzen beziehen. Sie kann sich auch auf die verschiedenen Gartenbereiche von Zier-, Kräuter- und Nutzgarten beziehen. Schließlich sind ja gerade Balkon- und Terrassengärtner auf ein bisschen eigenes Naschwerk besonders stolz. Da sind zum einen die Schnittsalate, bei denen man die Rosetten von außen beerntet, ohne sie komplett zu entfernen. Die Saatmischungen gibt es fertig zusammengestellt. Die klassischen Schnittsalate gehören zum Gartensalat, die entweder dem Lattich oder der Zichorie zugeordnet werden. Hierzu zählen vor allem der rote und der grüne Eichblattsalat, die grünlaubige 'Lollo-bionda'- und die rotlaubige 'Lollo-rosso'-Sorte und der Winter-Lattghino. Diese Schnittsalate, die man einzeln gut zwischen einjährige Sommerblumen pflanzen kann, werden selten im Mix verkauft. Durch seine Winterhärte hat sich auch der Feldsalat einen Namen gemacht. Rucola hat sich von der Modeerscheinung zu einem festen Bestandteil der Küche entwickelt. Bei den Salatmischungen sorgen verschiedene Bezeichnungen gerne für ein bisschen Verwirrung, zumal meist auf den Packungen die Namen nur winzig klein aufgelistet werden. Gehandelt werden der Baby-Leaf-Salat, Mesclun oder Misticanza und Oriental Greens. Dieses liegt vor allem an der Herkunft der Mischungen aus verschiedenen Regionen des Kochens.

Aus der heimischen Küche stammt der Baby-Leaf-Salat. Er besteht aus Eisbergsalat, Endivien, Spinat, Sauerampfer, Stielmangold und Rote Bete. Dabei sind die meisten Salate sowohl als grünlaubige als auch als rotlaubige Form vertreten. Bei den Gemüsearten wie Mangold und Rote Bete werden nur die jungen Blätter geerntet, die im Vergleich zu den Salaten den Vorteil haben, dass sie festere Blätter haben, die besonders gut haltbar sind.

In Frankreich heißt die Salatmischung Mesclun, in Italien Misticanza. Die Mischung hat Tradition. Typisch ist, dass die Mischungen nicht nur Salat, sondern auch Zichorien, also die mit der Endivie verwandten Salate, enthalten. Häufig werden auch Wegerich und Rucola dazu gesät.

In der orientalischen Küche, also vor allem in der asiatischen Küche, werden vor allem Kohlarten wie Pak Choi, Tatsoi, Mizuna, Brauner Senf und Green Misome sowie Raps und Chrysanthemen für die Oriental Greens geerntet. Fertige Saatmischungen machen es einfach, diese Salate auch auf dem Balkon anzubauen. Die Vielfalt ist so groß, dass es fast keiner anderen Pflanzen bedarf.

Wer sich mit Kräutern auskennt und sie auch tatsächlich auf den ersten Blick erkennt, der kann natürlich immer auch einige Küchenkräuter mit in die Blumenmischung integrieren. Niedrig bleiben vor allem Petersilie, Schnittlauch, Ysop, Koriander, Kerbel und Oregano. Lässt man die Kräuter blühen, wird auch die Blütenvielfalt bereichert. So kann man dann immer auch ein paar würzige Kräuter und essbare Blüten zu den Salaten ernten. Wichtig bei der Auswahl: Die Kräuter sollten nicht zu hoch werden. Daher kommen beispielsweise Arten wie Dill, Fenchel, Borretsch, Liebstöckel und Baldrian nicht in Frage.

Will man dagegen etwas Handfestes ernten, dann sind Balkontomaten, kleine Paprika, Balkongurken und natürlich Erdbeeren ideal. Sie können gut zwischen die Blumen gepflanzt werden. Allerdings muss man ihnen ausreichend Platz lassen, denn sie brauchen viel Wasser und Nährstoffe, um schmackhafte und zarte Früchte zu bilden.

RUND UM
das Saatgut

Pflanzen oder Säen

Auf den ersten Blick scheint für die bunte Mischung die Aussaat die einfachste Lösung: Samen streuen, gießen, und dann wächst es schon. So leicht, wie es einem die Bilder auf den Pappschachteln weiß machen wollen, ist es allerdings nicht. Die Vorbereitung des Bodens ist einer der Erfolgsgaranten für die Ansiedlung von bunten Blumenmischungen (s. S. 53). Und darüber hinaus gibt es zwei Aspekte, die ebenfalls einen großen Einfluss auf das Gelingen haben. Jede Pflanze braucht ausreichend Platz, um sich entfalten zu können. Bei der Aussaat besteht die Gefahr, dass die Saat zu dicht fällt. Es ist also notwendig, dass die Samenkörner nur sparsam dosiert auf die Fläche fallen, oder man muss nach der Keimung behutsam und sorgfältig die Sämlinge vereinzeln. Eine Alternative besteht in Saatteppichen, -bändern oder -scheiben (s. S. 123). Der zweite Aspekt besteht darin, dass die Pflanzen jeweils unterschiedliche Ansprüche an die Bedingungen zum Keimen haben und auch individuelles Keimverhalten zeigen. Die einen sind Lichtkeimer, die andern Dunkelkeimer. Und ebenso benötigen manche Pflanzen warme Böden oder eben ein bisschen mehr Zeit.

↑
Bei der Aussaat liegt die Blütenschönheit für einen ganzen, langen Sommer in einer Hand.

Licht- und Dunkelkeimer

→

Lichtkeimer zeichnen sich dadurch aus, dass die Samen nur dann keimen, wenn tatsächlich Licht an die Samen gelangt. Daher darf man die Samen nicht mit Erde bedecken. Sie werden also auf die Aussaaterde gestreut und dann mit leichtem Druck angedrückt. So haben sie einen guten Bodenschluss. Zu den Lichtkeimern zählen beispielsweise Fingerhut (*Digitalis purpurea*), Nachtkerze (*Oenothera*), Glockenblumen (*Campanula*) und Grasnelke (*Armeria maritima*). Bei den Dunkelkeimern muss genau die entgegengesetzte Bedingung erfüllt sein: Es darf nämlich kein Licht an die Samen dringen. Das bedeutet, dass man die Samen immer gut mit einer dünnen Schicht von Erde oder Substrat bedecken muss. Klassische Dunkelkeimer sind Jungfrau im Grünen (*Nigella damascena*), Bienenfreund (*Phacelia*) und Vergissmeinnicht (*Myosotis sylvatica*).

So birgt die Aussaat einige Herausforderungen, damit sich die bunt blühende Sommersituation einstellt. Wer bereit ist, etwas mehr Zeit und Aufwand zu investieren, zieht Jungpflanzen auf der Fensterbank vor. Diese keimen unter den individuell optimalen Bedingungen und können dann nach den Eisheiligen Mitte Mai ins Freie gepflanzt werden. Natürlich stellt sich die Frage, wie man bei der Pflanzung den Zufall in Szene setzt. Dafür gibt es einen Trick: Grundlage ist, dass etwa sieben Pflanzen pro Quadratmeter ausreichen, um die Fläche zu füllen. Nun multipliziert man die zur Verfügung stehenden Quadratmeter mit sieben. So erhält man die Anzahl der Pflanzen, die insgesamt gepflanzt werden. Nun wird diese Summe durch die Anzahl der verschiedenen Sorten geteilt und man erhält als Ergebnis die Stückzahl, die von jeder Art gepflanzt werden sollte. Nun nimmt man entsprechend viele Steine, bunte Murmeln oder irgendetwas Ähnliches und wirft diese Dinge zusammen aus der Hand auf das Beet. Der Zufall wird jetzt zum Gärtner, denn an den Stellen, wo ein Stein liegt, wird eine Pflanze gesetzt. Dieses wird mit allen Arten wiederholt, bis am Ende eine bunte Mischung nach dem Bild des Zufalls entstanden ist.

Band, Scheibe oder Teppich

Bei der Direktsaat besteht die Schwierigkeit darin, die richtigen Abstände und die zufällige Mischung entstehen zu lassen. Außerdem ist eine frisch gesäte Fläche immer auch ein abwechslungsreiches Buffet für Nager und gefiederte Gartenbesitzer. Bequem und sicher ist die Arbeit mit Saatgut, das zwischen zwei Lagen dünnem, sich selbst zersetzendem Vlies liegt. Je nach der Form des Vlieses sind es Bänder, Scheiben, die zu normalen Topfgrößen passen, und Teppiche, die sich für größere Flächen eignen. Die Samen sind fixiert, so dass die Verteilung optimal ist. Durch das Vlies wird die Saat gut feucht gehalten und gleichzeitig beginnt die Zersetzung des Materials. So können sich die zarten Keimlinge problemlos entfalten. Die Wurzel durchdringt die Unterseite, und durch die Oberseite wächst der Keim mit den Keimblättern hindurch. Natürlich ist ein solches Instantprodukt nicht nur leicht in der Anwendung, sondern auch kostspieliger.

↓
Die Saatscheibe wird einfach auf die Erdoberfläche gelegt.

Das Vagabundieren

Die einen nennen es Vagabundieren, die anderen sprechen vom Black-Box-Gardening. Folgendes wird darunter verstanden: Nach der Blüte entstehen an den meisten Blumen die Fruchtstände, in denen die Samen reifen. Jedes Samenkorn sorgt für das Überleben der Art und fällt auf den Boden, wird ein wenig vom Wind verteilt oder schwimmt mit Regenwasser über die Terrasse bis zum Beet auf der anderen Seite. An der Stelle wächst nun eine neue Sommerblume oder Staude und überrascht den Gärtner, der die neue Pflanze hoffentlich gewähren lässt und nicht gleich beim Erblicken als »Unkraut« aus dem Beet verbannt. Es macht Spaß, diese natürliche Verbreitung von Kulturpflanzen zuzulassen. Im einen Jahr mischen sich die Vergissmeinnicht (*Myosotis sylvatica*) zwischen die Trittplatten vor der Terrasse, im nächsten Jahr haben sich einige ins Rosenbeet verirrt und sorgen für einen zartblauen Teppich zwischen den Tulpenkelchen, die die Zeit bis zur Rosenblüte überbrücken sollen. Die Voraussetzung für das Vagabundieren besteht darin, die Samenreife im Beet zuzulassen. In den ersten Wochen der Blüte von Einjährigen macht es durchaus Sinn, Fruchtstände zu entfernen. Die Pflanzen haben so noch nicht das Ziel, für die nächste Gartensaison zu überleben, erreicht und entwickeln neue Knospen und Blüten. So hält der Schmuck deutlich länger. Aber im Hochsommer wird es Zeit, zumindest an der einen oder anderen Stelle auch Samen stehen zu lassen. Es geht um das nächste Jahr. Bei Stauden, die in den meisten Fällen nur einmal blühen, passiert es ganz automatisch, denn häufig sind Mohnkapseln oder die gewölbten schwarzbraunen Fruchtböden des Sonnenhutes dekorativ und bleiben stehen. Beim Frauenmantel sind die Blüten so fein, da fällt es schwer, den richtigen Zeitpunkt zum Entfernen der Blüten abzupassen. Der Erfolg: Die Pflanzen versamen von alleine. Das Vagabundieren ist die perfekte Bestätigung, dass sich die Pflanzen wohl fühlen und unter den gegebenen Bedingungen sehr gut wachsen. Da spielt es dann keine Rolle, was die Lehrbücher sagen. Und darüber hinaus sind die bisweilen genialen Kombinationen Geschenke. Schneeglöckchen (*Galanthus nivalis*) wirken erst dann so richtig bezaubernd in einem Garten, wenn sie verwildern und ausgedehnte Teppiche bilden. Sie nutzen für die Ausbreitung Ameisen. An den Samen befindet sich ein so genannter Arillus – ein klebriges Anhängsel. Diese ist bei den Ameisen beliebt, und sie schleppen die Schneeglöckchen-Samen in ihre Nester. Ist der Arillus verspeist, sind die Samen Müll und werden wieder herausgeschleppt. So liegen die

Samen entfernt von der Mutterpflanze, und die Fläche wird zunehmend größer. Ähnliche Teppiche bildet auch das Alpenveilchen (*Cyclamen coum* und *C. hederifolium*), allerdings nicht mit Hilfe von Ameisen. Die Fruchtstiele drehen sich nach der Befruchtung schneckenförmig auf, und wenn die Kapseln trocken werden, verwandeln sie sich in einen Schleudermechanismus.

Nehmen die Vagabunden überhand, dann sollte man sie beherzt entfernen, verschenken oder nutzen, um andere Gartenbereiche zu gestalten. Zu den bekannten Vagabunden gehören beispielsweise als Pflanzen des Halbschattens und Schattens Veilchen (*Viola odorata*), Lungenkraut (*Pulmonaria*), Akelei (*Aquilegia vulgaris*), Lerchensporn (*Corydalis*) und Gelber Mohn (*Meconopsis cambrica*). In der Sonne sind neben dem bereits erwähnten Vergissmeinnicht das Patagonische Eisenkraut (*Verbena bonariensis*), Spanisches Gänseblümchen (*Erigeron karvinskianus*), Spornblume (*Centranthus ruber*) und Schwarzäugiger Storchschnabel (*Geranium psilostemon*) typische Blumen, die man auch an Stellen entdeckt, wo man sie nie gepflanzt hat.

↓
Tauchen auch überraschend auf: Brauner Storchschnabel und Kaukasus-Vergissmeinnicht.

Akelei und Vergissmeinnicht ziehen als Vagabunden durch den Garten.

Butterbrottüten verhindern, dass reife Samen einfach aus der Mohnkapsel auf den Boden fallen

Samen selber ernten

Die Natur sorgt für den Fortbestand vor, und so kann man sich dieses zunutze machen und auch selber Samen ernten. Da wird jedes Blumenbeet quasi zum Selbstbedienungsladen. Die Samen entstehen in der Blüte durch Bestäubung und die Fruchtbildung. Wenn die einzelnen Körnchen reif sind, werden sie gesammelt. Aber man muss sie erwischen. Eine Schwierigkeit besteht darin, dass die Samen unterschiedlich reifen. Man muss also immer wieder zu der Pflanze hingehen und die reifen Fruchtstände beernten. Ein weiterer Aspekt, der Geschick verlangt, besteht darin, die Samen einzusammeln, bevor sie aus der Fruchtkapsel herausgeschleudert werden. Das ist beispielsweise bei der Akelei (*Aquilegia*) der Fall, aber auch beim Storchschnabel (*Geranium*) gibt es einen Mechanismus, der die Samen weit von der Pflanze wegschleudert. Bei kleineren Fruchtständen kann man einen Einmal-Teebeutel aus Vlies über die Kapseln stülpen und sie am Stängel fest mit Bast zuschnüren. So werden die herausgeschleuderten Samen direkt aufgesammelt, und man ist schneller als die Natur. Ist die Samenkapsel geöffnet und die Samen sind ausgefallen, wird der Stängel abgeschnitten und die Samen können über einem Gefäß aufgesammelt werden. Bei größeren Fruchtständen faltet man aus Vlies eine Tüte, die an den Seiten zusammengetackert wird. Das Vliesmaterial hat den Vorteil, dass es feuchtigkeitsbeständig ist und gleichzeitig luftdurchlässig.

Nach der Ernte trocknen die Samen nochmals an einem geschützten, luftigen und trockenen Ort nach. Man kann Gläser oder gereinigte Jogurtbecher nehmen und diese dann zusammen auf ein Tablett stellen. In jedes Gefäß kommt gleich ein Zettelchen mit dem Namen. Nach der Trocknungsphase werden die Samen gereinigt. Dabei wird der Samen von der Frucht getrennt. Grobe Teile lassen sich leicht entfernen. Die feineren Anteile werden quasi wie die sprichwörtliche »Spreu vom Weizen« getrennt. Man lässt die Ernte auf ein Papier rieseln und pustet dagegen. So werden die leichten Spelzen und Kapselreste vom Luftzug weggetragen, die schweren Samen fallen nach unten. Auch die tauben Samen werden auf diesem Weg aussortiert, weil sie leichter sind als die voll entwickelten Körner.

Etwas aufwändiger ist die Saatguternte bei fleischigen Fruchtständen. Das umgebende Fruchtfleisch dient zum einen dazu, die Samen zu verbreiten, dadurch dass die Früchte verschleppt und dann von Tieren vertilgt werden. Gleichzeitig ist das Fruchtfleisch mit einer Keimhem-

↑
Behutsam schneidet man die Samenstände der Akelei ab und schüttelt die Samen aus.

mung verknüpft, damit die Samen nicht schon im feuchtwarmen Fruchtmilieu wieder keimen. Solche Früchte wie beispielsweise Beeren von Aronstab (*Arum italicum*) und Christophskraut (*Actea spicata*) werden in einem Schraubglas mit Wasser vergoren. Das Fruchtfleisch zersetzt sich und trennt sich von den Samen. Gleichzeitig werden die keimhemmenden Stoffe zersetzt. Die Samen werden in einem Sieb mit klarem Wasser abgespült und dann zum Trocknen auf einem Tuch oder Zeitungspapier ausgebreitet.

Auch auf Schädlinge sollte man das Saatgut gründlich untersuchen, wobei man wissen sollte, dass sich so mancher Schädling auch erst nach ein paar Wochen gefräßig zeigt.

Nun hat nicht jeder Zeit und Muße für die Lagerung und auch nicht jeder Samen eignet sich zum Lagern. Eine ganze Reihe von Samen kann man auch direkt nach der Ernte säen. Ringelblumen, Mohn, Borretsch und Jungfer im Grünen sammelt man zwar, aber die Samen werden direkt wieder im Beet, wo sie im kommenden Jahr wachsen und blühen sollen, ausgestreut. Man darf sich hier ein bisschen großzügiger zeigen, denn mit Sicherheit werden immer einige Samen bis zur Keimung vertilgt. Auch bei den Zweijahresblumen, wie Fingerhut (*Digitalis purpurea*), Nachtviole (*Hesperis matronalis*) und Vergissmeinnicht (*Myosotis sylvatica*) macht das Lagern der Samen keinen Sinn. Schließlich keimen sie vielfach noch im selben Jahr und bilden schon bis zum Winter eine ansehnliche Pflanze, die mit etwas Glück direkt im nächsten Frühsommer wieder zur Blüte kommt.

Ebenso sollte man die sogenannten Kaltkeimer – gelegentlich auch Frostkeimer genannt – nicht über den Winter in einer trockenen Tüte lagern. Die Pflanzen dieser Gruppe, zu der beispielsweise die Akelei (*Aquilegia vulgaris*), Asternarten

(*A. alpinus*, *A. novi-angliae*, *A. novi-belgiae*), Schleifenblume (*Iberis*) und Veilchen (*Viola odorata*) gehören, stammen aus kälteren Regionen. Sie haben meist eine dicke Schale und zunächst nach der Reife einen hohen Anteil an keimhemmenden Substanzen. Durch die Einwirkung von Kälte verändert sich die Konzentration dieser Substanzen und gleichzeitig steigt der Anteil der keimfördernden Substanzen, so dass nach einem ausreichend langen Zeitraum unter Kälteeinfluss die Samen tatsächlich keimen. Diese Keimhemmung verhindert, dass sich bereits vor dem Winter aus dem Samenkorn ein zartes Pflänzchen entwickelt, das mit großer Wahrscheinlichkeit die kalte Jahreszeit nicht schadlos überstehen würde. In der Natur ist der Zeitpunkt von wenig keimhemmenden und viel keimfördernden Substanzen in der Regel im Frühjahr erreicht. Sät man die Kaltkeimer einfach im Herbst aus, dann besteht die Gefahr, dass die Saatgefäße über den Winter von Mäusen und Vögeln geplündert werden. Da kann man sicher mit engmaschigem Draht vorbeugen, aber einfacher ist eigentlich, dass man den Kältereiz im Kühlschrank auslöst. Die Samen werden mit feuchtem Sand gemischt und in beschrifteten Gläsern oder Plastiktüten in das Null-Grad-Fach getan. Es reicht aus, wenn die Samen dort etwa zwei bis drei Wochen lagern. Anschließend sät man sie aus, indem die Mischung aus Sand und Samen in Aussaatgefäßen ausgebracht wird. Wichtig: Das Gefrierfach ist zu kalt, und es besteht die Gefahr, dass die Samen komplett erfrieren. In der Natur ist ein Kälteeinbruch in der Regel mit Schneefall verbunden und die Schneedecke bietet eine Isolierung, die verhindert, dass die Temperaturen schnell und bis in den tiefen Minusbereich fallen.

←
Ringelblumen und Borretsch säen sich meistens von selbst wieder aus.

Die richtige Lagerung von Samen

Lagert man die Samen zum Nachtrocknen an einem luftigen Ort, werden sich auch bald größere Räuber zeigen, denn für Vögel und Nager ist das Saatgutlager ein leckerer Selbstbedienungsladen. Bis zum nächsten Frühjahr werden die Samen verpackt. Entweder man nimmt Briefumschläge aus Recyclingpapier oder man verwendet dunkle Schraubgläser aus dem Apothekerbedarf. Jede Sorte wird separat abgefüllt und dann mit Namen sowie Erntejahr versehen, damit die Samen leicht identifiziert werden können. Die Briefumschläge haben den Vorteil, dass man sie in einem Karteikasten aus Holz lagern kann und sie gleich nach dem Alphabet sortieren kann. Das erleichtert die Suche erheblich. An einem kühlen, dunklen Ort überwintern die Samen gut. Bei Wärme kann die Keimfähigkeit leiden.

Es macht auch Sinn, gleich eine Liste anzufertigen, welche Samen aus der eigenen Ernte im Vorrat sind, damit man das bei der Bestellung im Frühjahr berücksichtigen kann. Außerdem kann man bei reicher Ernte Saatgut-Tauschbörsen (siehe Anhang) nutzen, um die überschüssigen Samen gegen neue Arten einzutauschen.

Die Haltbarkeit von Samen ist ganz unterschiedlich. Am besten ist es eigentlich immer, sie frisch zu verwenden. Bei einer perfekten Lagerung ist die Keimdauer auch im zweiten, meist auch im dritten Jahr gegeben. Allerdings nimmt sie anschließend stetig ab und der Erfolg, aus dem Vorrat bunt blühende Wiesen gestalten zu können, ist nicht mehr besonders groß.

→
Papiertüten lassen sich beschriften und sind ideal für die Saatgutlagerung

Nigella
Juli 2014

Bezugsadressen

Saatgut

Deutschland

Kiepenkerl
Bruno Nebelung GmbH
Über
www.shop.nebelung.de

Vertriebsgesellschaft Quedlinburger
Saatgut mbH
Dieselstraße 1
06449 Aschersleben
Tel. 03473/840666
www.quedlinburger-saatgut.de

KÜPPER Blumenzwiebeln & Saaten GmbH
Hessenring 22
37269 Eschwege
Tel. 05651/80050
www.kuepper-bulbs.de

Weigelt GmbH & Co. ES KG
Obere Martinsthaler Str. 4–5
65396 Walluf
Tel. 06123/71066
www.weigelt-es.de

Blauetikett-Bornträger
In den Aspen
67591 Offstein
Tel. 06243/905326
www.blauetikett.de

JULIWA-HESA
Mittelgewannweg 13
69123 Heidelberg
Tel. 06221/8266-0
www.juliwa-hesa.de

Saatgut-Manufaktur
Daniela Felger
Hallstattstraße 3
72116 Mössingen-Belsen
Tel. 07473/5020430
www.saatgut-manufaktur.de

Dürr Samen
Stephan Schwenk e. K.
Bayernstraße 24
72768 Reutlingen
Tel. 07121/63799
www.duerr-samen.de

Syringa-Samen
Bachstraße 7
78247 Hilzingen
Tel. 07739/1452
www.syringa-samen.de

Hof Berggarten
Lindenweg 17
79737 Herrischried
Tel. 07764/239
www.hof-berggarten.de

Sativa Dettighofen GmbH
Keltenweg 4
79798 Jestetten-Altenburg
Telefon: 052304/9160
www.sativa-biosaatgut.de

De Bolster Deutschland
Andrea Fischer
94166 Stubenberg
Tel. 08574/919315
Website: www.biosaatgut.eu

N. L. Chrestensen
Erfurter Samen- und Pflanzenzucht GmbH
Witterdaer Weg 6
99092 Erfurt
Tel. 0361/2245-0
www.chrestensen.com

Tauschbörsen für selbst gesammeltes Saatgut aus dem eigenen Garten: Aktuelle Informationen findet man auf den Seiten www.saatgutkampagne.org Online-Forum: www.tauschgarten.de

Frankreich

NOVA-FLORE
ZA des Fontaines
Rue du Puits
49330 Champigné
www.jardin-biodiversite.com

Vilmorin
http://www.vilmorin-jardin.fr

Stauden

Bund deutscher Staudengärtner
Godesberger Allee 142–148
53175 Bonn
www.stauden.de

Zwiebelblumen

Horst Gewiehs GmbH
Italienischer Weg 1
37287 Wehretal
Tel. 05651/336249
www.gewiehs-blumenzwiebeln.de

Der Blumenzwiebelversand
Bernd Schober
Stätzlinger Str. 94a
86165 Augsburg
Tel. 0821/72989500
www.der-blumenzwiebelversand.de

Bildnachweis

Sämtliche Abbildungen stammen von Martin Staffler, Stuttgart (gartenfoto.eu).

Die Autorin

Die Gartenbau-Ingenieurin Dorothée Waechter ist als Fachjournalistin für verschiedene Gartenzeitschriften tätig und tritt außerdem im Fernsehen als Gartenexpertin auf. Bei Thorbecke erschien von ihr bereits »Gärtnern (fast) ohne Gießen«.